岩波科学ライブラリー 251

なぜ蚊は人を襲うのか

嘉糠洋陸

岩波書店

はじめに

蚊は、私たちの血を吸います。

自分の肌に止まろうとしている蚊を、じっくり眺めたことがあるでしょうか。私はよく、この蚊というお客さんに〝食事〟を振る舞います。彼らは、ふわりふわりと上下に飛びながら、あたかも私たちを偵察するかのように寄ってきます。そして、静かに、しかし決して迷いなく、私たちの皮膚に取りつきます。着地は随分と細い脚で、触れているとはとても感じません。すると、彼らの頭の部分がなにやら小刻みに動き始めます。針のような口を、懸命に肌に突き刺している模様です。蚊に刺されていることに敏感に気づく人は、たいていこの瞬間にわずかな痛みを捉えています。それが終わると、彼らの動きはぴたっと止まります。そこから約2分、視線を逸らさずにじっくり見続けると、微動だにしない身体の一部に変化が表われます。お腹がゆっくりと血液で満たされ、大きくなっていくのです。

満腹になった彼らは、肌に落としていた目線から一瞬で消えていきます。慌てて周りを見渡すと、さっきよりは緩慢な飛び方で、それでいて速やかに私たちから離れていく蚊を見つけることができます。そして、百も承知のことが起こります。刺された場所がむずむず痒くなるのです（ほとんどの人は、この段階にならないと蚊に刺されたことに気がつきません）。分かってはいるのですが、つい掻いてしまって、ぷっくり肌の一部が膨れあがります。毎年繰り返される、夏の風物詩と言っていいでしょう。老若男女、蚊に刺されたことのない人はまずいません。人間と直接触れあう機会が最も多い虫が、この蚊なのです。

　蚊が私たちの血液を吸い取ったとき、そのお返しに残すのは痒みだけではありません。望まないお土産として、感染症の原因を体内に送り込むことがあります。蚊は、病原体の有力な媒介者であり、マラリア、フィラリア症、デング熱、日本脳炎、西ナイル熱、ジカ熱などをもたらします。２０１４年夏に発生したデング熱の国内流行で、蚊に刺されることの怖さが再び認識されるようになりました。２０１６年は南米でジカ熱が流行し、乳児が小頭症になってしまうこととの関連が明らかになり、それまであまり気にされていなかったこの病気が突然恐ろしいものに様変わりしました。

　蚊の一刺しは、ヒトのＱＯＬ（生活の質）を低めるどころか、不幸にもその人の生涯に終止符を打つことすらあります。その結果、人類の歴史の有《あ》り様《さま》すらも変えてきました。きっと、蚊は忌むべき存在なのでしょう。私自身がそれに納得するために、この筆をとることにしました。ホモ・サピエンスとしての人類史上最大の好敵手《ライバル》、蚊について、私と一緒に見つめ直す小旅行の始まりです。

目次

イラスト＝いずもり・よう

1 その蚊、危険につき

70年振りのデング熱

きっかけは、ひとりの患者の診断からでした。

２０１４年の晩夏に差し掛かろうとする頃、約70年振りにデングウイルス感染症の国内症例が判明しました。直近の流行が第二次世界大戦直後まで遡るという、日本では完全に忘れ去られていた感染症です。

デングウイルスが体内に入り込むことにより、発熱・頭痛・関節痛などが主な症状として表われます。〝二度罹り〟すると稀に重症化し、デング出血熱になってしまうこともあります。そうなると、致死率が約１００倍に化けます。

アジアや中南米など、熱帯や亜熱帯の地域では流行していましたが、日本では海外からの帰国後の発症例（輸入症例といいます）ばかりでした。観光やビジネスで訪れた外国で感染し、具合が悪くならないうちに飛行機で戻ってきたケースです。このような患者さんは、全国で

毎年200人ほど見つかっていました。

この病気が耳目を集めたのは、蚊の吸血によってウイルスが人体に入り込むという特徴があったからだと考えています。毎冬のインフルエンザでは、思わずしてしまう「ごほん、ごほん」という嫌な咳が、他人にウイルスを送り込むことをみんな知っています（だからマスクをします）。美味しい生カキをたらふく食べた結果、そこに含まれていた病原体も取り込み、ノロウイルス感染症になってトイレに籠もって苦しむことも。しかし、今度の聞き慣れない病気では、気にもしていなかった蚊がいきなり共犯者として登場してきたわけです。

蚊は、デングウイルスだけを媒介するのではありません。マラリア、フィラリア症や日本脳炎など、日本で以前からよく知られている感染症を引き起こす病原体も運びます。近年は、北米を中心に西ナイル熱の流行にも一役買っています。運ばれる病原体も多彩で、真核生物である大きな寄生虫から、小さなウイルスまで様々です。

このニュースがお茶の間で流れた当初、恐らくほとんどの人はその本当の意味を、つまりは「国内流行」という言葉が指す状況を正しく理解していなかったのではないでしょうか。きっと、何やらまた新しい感染症が出てきたらしい……くらいにしか思っていなかったはずです。

というのも、この15年ほどの間、牛海綿状脳症（BSE）、重症急性呼吸器症候群（SARS）、鳥インフルエンザ、口蹄疫、新型（H1N1型）インフルエンザ、エボラ出血熱など、巷で感染症の話題に事欠かなかったからです。しかし、私たちのような蚊やマダニなどを専門分野とする研究者は、今回ばかりは飛び上がりました。その一報を聞いたとき、私は研究室に居たメンバーに「今から代々木公園に行くぞ！」と声を掛けたくらいです（もうそのときには公園の一部が封鎖されていて、周りから止められましたが）。

その舞台となった代々木公園に、ある10代の大学生が、その夏、日がな通っていました。大学のサークル活動で、公園内の敷地に頻繁に出入りをしていたそうです。そして、たくさんの蚊に刺されました。その後、突然の発熱と耐え難い関節痛がこの大学生を襲い、病院に駆け込みます。そのときに診察した医師のひとりが、患者さんの肌にある、多数の蚊の刺し痕に気づきます。これがポイントになりました。以前、デングウイルス感染症の輸入症例を何度か診たことがあった別の医師が、その刺し傷を伝え聞き、デングウイルスの感染を疑います。しかしここで壁が立ちはだかります。この大学生は、感染が疑われる時期に、日本国内から出ていなかったのです。しかし、この医師は決断します。

「デングウイルスの検査をしよう。」

医療の世界では、マニュアルから外れることはよしとされていません。海外に行っていない人に対して、海外でしか罹らない感染症の可能性を考えることは、まともではありません。誤解を避けるために言いますと、感染症は世の中にゴマンと存在しますから、優先順位を考えて診断を進めるのは当然のことです。小さな可能性に固執した結果、病名が明らかになるのが遅れて、重症になったら目も当てられないでしょう。しかし、この医師は、自身の経験をもとにデングウイルス感染症にチップを賭けました。それはその後、日本国内でこの蚊による感染症が拡がっているというジョーカーを引き当てることになります。

黄熱と野口英世

飛行機からタラップで降りたときの、焼けた土の匂いを忘れることはないでしょう。蚊の研究をするために、私が初めてアフリカを訪れたときのことです。

西アフリカのブルキナファソという国は、広大なヴォルタ川の源流を生み出す、ガーナやトーゴの北側に位置した内陸にあります。北はサハラ砂漠に面し、乾燥と灼熱の典型的なサブサハラン地域であることから、国力は豊かではなく、世界で下から数えて3番目の低い経済力です。ただ、海に面していない土地で生まれ育った私には、最初から妙な親近感がありました。それに、研究を通じて知己になっていた、日本人にどことなく似ているブルキナベ(ブルキナファソ人の意)たちの気質が、私は大好きでした(サッカー日本代表の元監督だったフィリップ・トルシエ氏は、両国の監督を歴任し、「日本人とブルキナファソ人はよく似ているので指導しやすい」と述べています)。

空港バスから降りて、入国審査を受けに向かいます。しかしそこで見た光景に、私はめまいがした気分でした。審査のための待合室は、既に100人以上の旅行者でごった返して、

1箇所しかない審査ブースに押し合いへし合い。年末商戦のアメヤ横町でもここまでではないでしょう。周囲には、日本人どころかアジア人は私しかいません。そこで私は、自分のパスポートと〝イエローカード〟を右手に持ち、それを高く掲げて担当官にこれでもかとアピールしました。

このイエローカードとは、「黄熱」という病気の予防接種の国際証明書です。証明書の紙が明るい黄色で染められており、この呼び名がついています。黄熱は、主にネッタイシマカ（*Aedes aegypti*）に吸血された際に黄熱ウイルスが体内に侵入し、罹る全身性の感染症です。発熱、寒気、頭痛、筋肉痛、吐き気などの症状に続き、重症化すると黄疸が表われます（病気の名前の由来です）。そして身体のあちこちから出血し、死に至ります。発症した場合の致死率は20％と高く、いまだに治療薬はありません。蚊と感染症好きのさすがの私でも、黄熱は蚊媒介性感染症のなかで罹りたくないもののナンバーワンです。

この黄熱には、極めて有効なワクチンがあります。今から遡ること八十余年前、ガーナのアシビ（Ａｓｉｂｉ）さんという患者から採取された黄熱ウイルスを使って、歴史に残る17Ｄ株という弱毒のウイルスが作られました。黄熱ウイルスに感染し、その後幸運にも回復した人は、ほぼ生涯に渡って免疫が付くことが知られていました。この17Ｄ株を生ワクチンとしてあらかじめ接種することで、ネッタイシマカが凶暴な黄熱ウイルスを体内に注入しても、発症を防ぐことができるのです。このワクチン株を開発したマックス・タイラーは、

1951年のノーベル生理学・医学賞を受賞しています。現在でも、この黄熱ワクチンは輝かしい金字塔として人々に恩恵を与え続けており、私も漏れず、この17D株を上腕に筋肉注射してからアフリカに渡航しました。

野口英世が、黄熱によってガーナのアクラで客死したことはよく知られています。しかし、その原因となる黄熱ウイルスが、ちっぽけな1匹の蚊によってもたらされたと思うと、私は複雑な思いに駆られます。野口英世は、黄熱のもととなる病原体を探し求めてアフリカに渡りました。彼はレプトスピラ属のある細菌が「黄熱菌」であると主張し、野口ワクチンを作成しました。しかしそのワクチンは黄熱に対して効果を見せず、黄熱の患者から原因菌は分離されませんでした。その後の黄熱ウイルスの発見により、野口説は完全に否定され、本人も黄熱の魔に命を奪われます。

史実は残酷ですが、科学的見地に立てば、野口英世の研究は細菌説に対する質の高いネガティヴ(否定的)・データを積み上げることに成功したと言えます。彼の一見残念な結果は、当時まだ未知だったウイルスを相手に奮闘していたマックス・タイラーらをして、ウイルス説への確信に導いたと思われます。彼の死は、ウイルスの発見、そして全世界で使われるワクチンの開発へ貢献したと言って差し支えないでしょう。千円札の野口英世像は、多くの日本人にとって、たゆまぬ努力が結実する立身出世の象徴ですが、私にはそれは蚊と感染症の聖像画《イコン》なのです。

懸命に背伸びしてイエローカードを見せる私を、ブルキナファソの入国管理担当者は手招きして呼んでくれました。その黄色い証明書を持っているのは外国人だけなので、優先して対応してくれることを、私は事前に耳にしていたのです。雑踏を押し分けへし分け、初めてアフリカの大地を踏みしめました。

蚊が感染症を広めるチカラ

感染症では、微生物と宿主という生物同士の関係がその土台になっています。ウイルス、細菌、カビ、原虫などの小さな生き物（微生物）が、相手の身体（宿主）を利用しながら増え、潜み、ときに形を変えます。この微生物が宿主に対して悪い影響を及ぼすとき、病原体と呼ばれます。また、その際の宿主が私たち人間の場合、患者になります。ただし、これらの病原体が必ずしも宿主を重い病気にさせるわけではなく、軽症で済むケースや、症状がない無症候感染と呼ばれる状態もままあります。

代々木公園で見つかったような都市型のデングウイルス感染では、人間だけが宿主となります。そもそも、東京などの大都会で圧倒的に繁栄している動物種は、ホモ・サピエンス（つまりは私たち）です。よって、そこに棲む蚊がその生活を人間に依存するのは必然です。普段あまり意識されることはないですが、公園や藪《やぶ》などに潜み、血を吸ってイライラさせる蚊は、実は私たち自身が血というご馳走を与えて、彼らの繁殖を助けているのです。

日本でデングウイルスをまきちらした首謀者は、ヒトスジシマカ（*Aedes albopictus*）でほぼ間違いないでしょう。ヒトスジシマカやネッタイシマカのような多くのヤブカ種は、吸血の際にウイルスを取り込み、その体内で増殖の場を与えます。その蚊が再びヒトを刺した際に、ウイルスを注入し、新たな感染を成立させます。吸血だけが頼りの、蚊と人間の間の綱渡りです。一見すると、何やらややこしい仕組みで生き抜いているウイルス諸君に、少し同情を覚えそうになります。しかし、誰もが罹りそうなインフルエンザや感染性胃腸炎などに比べると、蚊が運ぶ病原体がヒトからヒトへと伝播される効率は、実は頭ひとつ抜きんでています。

病原体が、宿主集団の中で拡散する〝能力〟を考えてみます。病原体だって生き物ですから、種としての生き残りを目指します。どれだけ多くの宿主に飛び移り、侵入することができるか、それが鍵になります。それを表わす指数として、基本再生産数（R_0）というものがあります。

ある病原体を体内に持った人（オリジナル感染者としましょう）がひとりいるとします。その人が、新しい人間集団に出会い、その中に入り込みました。その結果、その病原体を他人にうつしてしまうことが予想されます（二次感染者）。このような状況において、オリジナル感染者から発生する二次感染者の平均数が、R_0の値です。やや乱暴な言葉で表現すると、ひとりの患者が、新たに何人の人間に病気をうつせるかを表わす数字です。R_0の値が1より大きければ、その感染症は拡がります。患者が適切な治療を受けた、または事前にワクチン接種などを受けていた結果、R_0の値が1より小さくなれば、その病気の流行は終息に向かいます。医療が発達していなかったその昔、放置すれば死に至る結核のような感染症では、そのR_0の値が1を下回るためには、感染者の免疫反応が病原体に打ち勝つか、人がそぞろ亡くなりもはや感染可能な〝宿主〟がいなくなることしか考えられませんでした。治療法がなかったハンセン氏病などは、強制隔離によってR_0の値を減少させた悲しい過去がよく知られています。

一般的な感染症について、R_0の値を見てみましょう。毎冬に流行する季節性インフルエンザでは1・4〜1・6と推定されています。2009年の新型インフルエンザでは1・3前後、思ったよりも数字が小さいことに驚かれたことでしょう。しかし教室での人口密度が高い学校などでは、この数字が2・4に上昇します。インフルエンザによる学級閉鎖の実施は、欠席者が20〜25％に至ることがその概ねの基準です。R_0の値を考慮すると、放置すれば続く2回の伝播でクラス全員が感染することになります。

私やさらに上の世代の皆さんが子ども時代に罹ったことがある、流行性の強い麻疹（はしか）では、R_0の値は9〜17になります。私の幼少時代、誰かがはしかに罹ったと聞けば、親たちがその子のところにわざと遊びに行かせていたことを思えば（子どもは軽症で済むので、早めに感染させようという魂胆です）、なるほど納得の数字です。

性交渉が主な感染ルートである、後天性免疫不全症候群（ＡＩＤＳ）では、１・０２とされています。しかしあなどることなかれ、感染症の流行は、この数字の掛け算の結果とも言えます。よって、仮に1に近くても、R_0の値が1より大きい限り患者は増え続けるのです。

それでは、蚊媒介性の感染症ではこのR_0の値はどのようになるのでしょうか。マラリアという病気は、単細胞の原生動物であるマラリア原虫がヒトの赤血球に巣くうことで引き起こされます。マラリアを発症すると、発熱、貧血、脾腫《ひしゅ》から重症化に至ります。このマラリア原虫にとって、ハマダラカという蚊がその運送屋です。西アフリカなどのマラリアの流行地域では、たったひとりの感染者と十分な数のハマダラカが存在することで、なんと新たに１００人以上のマラリア患者が生み出されています。それもそのはず、今も世界のどこかで、寝息を立てているマラリアの感染者が、夜のとばりに無数の蚊に血を吸われているのです。吸血は、多くの蚊の種にとって子孫（卵）を残すために必須の行動です。私たち人間を感知し正確無比に狙って刺しにやって来るよう、進化の過程で作り上げられた完成作品です。つまり、蚊の生命体としての存在自体が、この高いR_0の値の理由です。くしゃみや咳による感染経路に対し、病原体を充塡した注射器が空を飛んでいるようなものと考えれば、合点がいきます。

果たして、デングウイルスの感染を疑った埼玉の医師はそのギャンブルに勝ちました。

その結果、２０１４年8月から10月までの間に計１６０名のデング熱患者が確認されました。まさに芋づる式です。そのうちの159例は、ウイルス遺伝子配列の解析から、代々木公園で同定されたウイルス株によるものであることが判明しました。東京に行ってないのにもかかわらず、〝代々木公園ウイルス株〟によるデング熱を発症した兵庫県西宮市の1症例は、世の中に驚きを与えました。つまり、ひとりが感染源となり、そこから蚊の吸血という連鎖行為によって、これだけ拡大したことを如実に示すものでした。

それまで毎夏、さほど気にも留めずに蚊に刺されるままだった大部分の国民は、蚊媒介性感染症の「国内流行」の意味、すなわち空飛ぶ注射器の突然の出現に大いに動揺しました。しかし、マラリアやデング熱ではR_0の値が軽く100を超えることを考えれば、それは驚くに値しないことになります（なお、2014年の日本でのデングウイルス感染症の流行では、R_0の値が7.78であったとする研究が報告されています）。日本において、この敬意に値するひとりの医師の洞察と判断がなかったら、2014年どころか、今後起きうる流行もしばらくは水面下のままだったかも知れません。

ちなみに、デングウイルス感染症と確定診断がついたことを報告したとき、厚生労働省から真っ先に届いた指示は、「患者のベッドに蚊帳《かや》を設置せよ」だったそうです。おかげでその病院関係者は蚊帳を手に入れるためにあちこち走り回るはめになりました（結局どこで買えたのか、聞きそびれましたが）。日本の整った医療機関の病棟で、蚊が飛んでいるところはさすがにないでしょう。しかし、省庁のお役人が蚊のチカラを侮っていないことに、蚊に与《くみ》する私は少しだけ誇らしく思ったのも事実です。

マラリアと平清盛

ブルキナファソの税関を無事通過し、荷物を引き上げて、空港の外に出ようとしたところ、その出口に見たこともない数のアフリカ人が旅行者の出待ちをしていました。全員が私を見ているような気がして、さすがの私も尻込みしました。自分の鞄やスーツケースを交互に眺めて、まいったなとつぶやいたそのとき、日本語で「カヌカセンセイ！」と大きな声で呼ばれました。以前、私が国際協力機構（JICA）の事業で研修のお世話をしたことのある、ブルキナファソ人の研究者たちがこぞって待っていてくれたのです。正直に申し上げると、迷子がお母さんを見つけたときの気分で、心の中で半べそ状態でした。

そこでふと我に返り、鞄から薬瓶を取り出しました。アトバコンとプログアニル塩酸塩の合剤を1錠、ペットボトルの水で喉に流し込みます。1錠7ドルもする、抗マラリア薬です。これを1日に1回服用します。このブルキナファソは、西アフリカ諸国の例に漏れず、マラリアの流行地域なのです。首都ワガドゥグにおいて、もし1年間蚊に無防備で刺された場合に、マラリアを発症する回数は約10回という推定値があります。予防薬を飲んだ私は、これで静かにマラリアvs人間の闘いに見参となりました。しかしこの戦争は、ホモ・サピエンスが出現して以降、おおよそ20万年もの間、私たち人類が続けているものです。その一部は、あまつさえ日本でも繰り広げられていました。

栄枯盛衰の象徴として描かれる、平清盛をご存じでしょう。平安時代に隆盛を極めた平家の武将であり、藤原氏までの貴族中心の政治を武士主導に変えさせた人物です。経済力を上手に操ったことでも評価されており、資産がバックについた武力により、貴族を政治の舞台から追いやりました。

その清盛の最期は、マラリアの熱禍だったと聞いたら驚くでしょうか。「比叡山からの水を満たした石の水槽に入って体を冷やそうとすると、水が瞬時に沸き上がり湯になった。筧《かけひ》の水を体にかけたところ、水が焼けたように飛び散った」という、『平家物語』の第六巻に収められている入道死去の行《くだり》があります。当時の人々が、清盛の死因を閻魔王の焦熱地獄に求めなければならなかったほどの、厳しい病状が目に浮かびます。この症状は、実はマラリアのものと極めて似ていることが指摘されています。書物などの研究から、40℃以上の高熱に周期的にみまわれ（間欠熱と呼びます）、果ては意識障害や腎不全などによって死に至ったと推測されています。

この間欠熱は、マラリアを発症した患者の明解な特徴です。平安中期の『源氏物語』においても、同様の記述が見つかります。主人公である光源氏が、「二日で一発する」熱病に罹ったというものです。これは、マラリアの一種である三日熱マラリアである疑いが濃いとされています。比較的温暖だったと考えられている平安時代では、マラリアが当たり前の風土病として存在していたことが窺えます。

しかし医療が進んだ現代においても、マラリアは依然としてその感染者や死亡者の多さにおいて群を抜いています。21世紀に突入してから減少傾向にありますが、それでも2015年の1年間で、世界で約40万人がマラリアにより死亡したとされています。それゆえに研究対象としての歴史も古く、その過程で明らかになったマラリア原虫の複雑な生活環は、華麗とすら言えます。

ヒト体内に入ったマラリア原虫は、まず肝臓へと移動し、次いで赤血球への侵入を繰り返しながら増殖します。マラリア原虫が赤血球から出てくる際に、赤血球は破壊されます。この破壊が一斉に、同調して起こることで、患者に間欠的な高熱が引き起こされます。つまり、平清盛が燃えるような熱によって苦しんでいたそのとき、無数のマラリア原虫が新たな寝床(赤血球)を求めて血中を彷徨っていたことになります。清盛は享年64歳、もう少し生きていれば、壇ノ浦の戦いもなかったかも知れません。「平氏にあらざれば人にあらず」とされた平家全盛の時代に、実質的に終止符を打ったこの病原体。これをもたらしたものは、翅にまだら模様のある蚊による、死の一刺しでした。

蚊が犯人と分かるまで

マラリア原虫を運ぶものは何か。それが明らかになるには、清盛の死から700年ほど待つ必要がありました。１８８０年、フランス軍医のアルフォンス・ラヴェランが、マラリア患者の血液中に微生物を発見し、マラリアが特定の病原体によって引き起こされる感染症であることが分かりました。看護師や家族などマラリアの患者さんを看る人々にはこの病気はうつらないことから、食べ物や飲み水が病原体に汚染されて感染すると思われていました。しかし、患者以外の外部環境において、どこからもマラリア原虫は発見されなかったのです。蚊からを除いては。

１８９７年のインドにおいて、イギリス人軍医であったロナルド・ロスは、マラリアに罹った患者の血を吸わせた茶色の蚊の中腸から、成長する大きな細胞のようなものを発見しました。この蚊はハマダラカで、夜になると人間の血を吸いにやってきます。当初ロスは、彼の勤務時間内に採集できる昼行性のヤブカばかりに注目していて、空振りを続けていました。いつもの黒ずんだヤブカではなく、たまたま珍しい色の蚊が数匹手に入り、試しに実験してみたところ、この大発見につながりました。続けて、鳥に感染するマラリア原虫を使った実験から、マラリア原虫を体内に宿した蚊の吸血によって、健康な鳥が発症することを明らかにしました。人間のマラリアの謎を追い求めつつも、鳥にその対象を変え、人間を相手におこなうには難しい様々な実験を矢継ぎ早に実施した、ロスの科学者としての姿勢は賞賛されます。その後、蚊におけるマラリア原虫の独自の生活環が明らかになりました。

少しややこしいですが、その生き様を眺めてみましょう（眠い人は読み飛ばして結構です）。

ヒトの血中において増殖したマラリア原虫の一部は、蚊の吸血によって吸い上げられ、蚊の腸管(中腸)に至ります。ここで、マラリア原虫はオーキネート(虫様体)と呼ばれるバナナ状の形態へと分化します。このバナナ型の生き物には運動性があり、蚊の中腸を突き破って移動し、蚊の体腔内でオーシスト(接合子嚢《のう》)という卵状のものに変化します。

ロスが顕微鏡下で見たものは、まさにこのオーシストです。ちくわの外側に、たくさんの豆がへばりついている様子が近いでしょうか。この中では、細長い針状のものが大量に作られます。これがスポロゾイト(種虫)です。1個のオーシストから生まれるスポロゾイトは数百にもなります。これらのスポロゾイトは、蚊の唾液腺の中へと移動し、蚊が吸血する機会をじっと待ちます。蚊が新たに(不幸な)人間を見つけて吸血すると、蚊の唾液とともにスポロゾイトがヒトの皮下へと注入され、マラリア原虫の感染が完了します。このように、マラリアは空気感染でも接触感染でもなく(もちろん閻魔王の仕業でもなく)、蚊と密接した生活環の結果、ヒトからヒトへと伝播されるのです。

このロスらの画期的な発見は、同じ時代に活躍した偉大な細菌学者であるロベルト・コッホを中心に勃興した、怒濤の病原細菌研究に後押しされています。病気というものが、悪魔や厄いの類《たぐい》によって引き起こされると長く信じられていた時代から、確固たる〝病因〟が存在することが科学的に明らかになりつつあった時期です。それまでは、「蚊が病気を媒介する」という明確なアイデアは、18世紀初頭のローマの内科医ジョバンニ・ランシーニが提唱したものにまで遡らねばなりませんでした。しかしそれも、蚊の幼虫であるボウフラの温床である水溜めが枯れると、マラリア患者も出てこなくなることから、マラリアの原因となる毒気（Mal-aria：イタリア語で〝悪い空気〟の意）は昆虫によって運ばれる、といった程度でした。

悠久のときから病気を運ぶ蚊

しかし、日本では、マラリアと昆虫の密接な関係に言及している驚くべき記述が、マラリアが日常の病気であった平安時代に既に存在しています。平安後期から末期に書かれた、国内最初の本格的な短編集である『堤中納言物語』に、〝虫めづる姫君〟という話があります。いも虫をこよなく愛する一風変わった少女のコメディタッチなストーリーですが、その中に「てふ（蝶）はとらふれば、てにきりつきて、いとむつかしきものぞかし、又てふ（蝶）は、とらふれば、わらはやみ（瘧病）せさすなり」という文章が見つかります。

この瘧病という語は、古くは熱病のことを指し、単に〝おこり〟（瘧）とも呼ばれていました。「瘧が落ちる」という言葉があるように、この熱は急激に治まってしまうことが特徴でした。それゆえに瘧は間欠熱、そのほとんどはマラリアを指すとされています。つまり、この古文の意味するところは、蝶を捕らえると鱗粉《りんぷん》が手について煩わしく、また蝶を捕らえればマラリアになってしまう、ということになります。

近代以前のヨーロッパと同様に、呪いや悪鬼に病気の起こりを求めていた古《いにしえ》の日本において、昆虫が原因でマラリアになるとはっきり表わされているこの記載は、極めて興味深いものです。この鱗粉が病気を引き起こすと考えていたであろう、作者を含めた当時の人々の観察力と洞察力には恐れ入ります。十数世紀を隔てた現在においても、蚊はマラリア原虫をばらまき続けていることを思えば、なんとも不思議な気分になります。
ちなみに、蚊がマラリア原虫を媒介すると発見したロナルド・ロスは1902年にノーベル生理学・医学賞を受賞しています。先取性がことさら重要視される同賞ですから、〝虫めづる姫君〟の作者にこそ、その発見のオリジナリティがあると考えましたが、ノーベル賞級の知見を持っていたはずの『堤中納言物語』の作者は残念ながら不詳でした。

空港からほど近い、ワガドゥグの中心地の宿に辿り着いたときには、日がすっかり暮れていました。ベッドと机、ブラウン管テレビが無造作にある部屋で、小さな冷蔵庫は壊れているようです。座ってひと息ついていると、嫌な音をたてて蚊がやってきました。1匹パチンと叩いて、潰れた蚊を観察すると、イエカのようでした。どうやら同じ夜行性のハマダラカはいない様子。とりあえず安堵し、あとは眠気に任せて吸われるがままにしました。蚊を懸命に追い払うよりも、吸血で満腹にしてしまったほうが早いのです（痒みは残りますが）。病気を運ばない蚊なら、血くらい吸わせてあげたいと思うのは、蚊好きが高じた性《さが》でしょうか。

◆コラム　フィラリアと西郷隆盛

フィラリア症という病気があります。蚊によって媒介される「糸状虫」という寄生虫の感染がこの原因です。この糸状虫は、病原体と呼ぶには存外に大きいもので、多細胞生物に分類されます。小さな線虫の一種で、筋肉や神経、食道まで持っています。この虫は、蚊の口吻《こうふん》の鞘《さや》の部分に潜み、蚊が吸血を始めるとその鞘からニョロニョロと這い出してきます。血を吸い終えた蚊が、口吻の針に相当するところを抜くと、肌に針穴ができます。糸状虫は、その血の滴《したた》る穴にすかさず入り込み、人間の体内への侵入に成功します。

糸状虫のなかには、人間のリンパ節に好んで巣くう種類がいます。この性質をリンパ系寄生性と言います。バンクロフト糸状虫やマレー糸状虫がこれに該当し、寄生の結果、リンパ管が閉塞し、終いには管が壊れてしまいます。リンパ管が機能しないと、循環している組織液が回収できなくなり、足や陰嚢が極端にむくんでしまいます。その結果、陰嚢水腫などの象皮症という症状をきたします。

明治維新の偉人・西郷隆盛は、バンクロフト糸状虫によるリンパ系フィラリア症を発症していたようです。人の頭ほどの大きさに陰嚢が腫れ上がり、ゆえに馬に乗ることができず、移動はもっぱら駕籠《かご》でした。西南戦争で敗色濃厚になり、包囲された鹿児島の城山で西郷隆盛は自決します。介錯をした別府晋介らは、官軍に西郷の首を渡すまいと地中に隠しました。しかし、頭部のない遺体を前に、官軍は陰嚢水腫を認め、西郷の死を認定したそうです。近代戦争以前、大将は最も優れた馬匹《ばひつ》を駆って身の安全も確保したものですが、糸状虫を持った蚊に刺されていなければ、西郷隆盛はもう少し生き延びることができたのかも知れません。

2　蚊なりのイキカタ

嫌われものの姿

西アフリカでの蚊採集は、朝早くに出発します。私たちが狙う獲物は、マラリアを拡めるハマダラカ。この蚊は夜間に血を吸う習性を持っており、満腹になったら家屋のなかの壁でしばらく休息します。その蚊を一網打尽に取りに行くというものです。

現地の研究者たちと旧型のレンジ・ローバーに乗り込み、小一時間ほど走ります。幹線道路は辛うじて舗装されていますが、場所によっては2車線分の幅がなく、対向車が真っ正面から猛スピードで迫る恐怖はジェットコースターなんのその（私はいつも顔を伏せています）。目的地の集落が近づいて、赤土の道路に変わると、今度はでこぼこ道の洗礼を受けます。腰から上、特に首の筋肉の力を上手に抜いて、振動を受け流すのがコツです。

村落では、土塀の家が数十軒散らばりながら点在しています。私たちは乾季に行くことが多く、いつも見る景色は、どこまでも続くプルシアンブルーの空、乾燥し切った畑、そして美しい瞳のブルキナファソの子どもたちです。当然ながら、電気や上下水道はありません。子どもたちは何キロも離れた学校に通い、また井戸から水を調達します。

一軒の寝室に入ります。小さな窓には鉄板がはめ込まれていますが、大きなスリットが段々に入っており、蚊が入り込むには十分な隙間があります。扉も同様です。その床に、約2〜3メートル四方の一枚布を敷きます。住人は快く生活用品を片付けてくれます。その状態で、ピレスロイド系殺虫剤を約10秒間噴霧します（ちなみに、よく使う現地販売の殺虫剤は「BANZAI（万歳）」というブランド名でした）。その後、扉を閉めて10分ほど外で待つと、壁に止まって密かに血液を消化中の蚊たちが一網打尽に死に絶え、哀れな死骸が布の上に落ちるという仕組みです。

蚊は、双翅《し》目（またはハエ目）に属する昆虫で、普通は四枚翅のところ、後翅が退化して平均棍になっているグループに属しています。この目《もく》はさらに触角の形状で分けられ、蚊は大変立派な長い触角を持つものとして君臨しています。興味深いことに、触角の長短にかかわらず、この目には吸血性の虫が多く見つかります。糸角亜目（カ亜目）には蚊の他にブユとサシチョウバエ、短角亜目（ハエ亜目）にはツェツェバエとアブが含まれます。サシチョウバエはリーシュマニア属の、ツェツェバエはトリパノソーマ属の原虫を媒介し、それぞれ南米とアフリカでヒトや動物に重篤な感染症を拡めています。

蚊の形態で一番目を引くのは、長い口吻《こうふん》ではなく、実は脚だと思っています（24ページ図）。

触角の先端から生殖器が付いている腹部の下端まで、その長さよりも1本の脚のほうが長いことが多いのです。タラバガニを想像してもあながち間違っていないくらいです。それだけ長いと邪魔そうで、事実、蚊が飛んでいる最中は、脚は柳の枝のようにだらしなく垂れ下がっています。細長い脚は、動物の体表や花弁に止まるにはきっと便利なのでしょうが、ハマダラカは吸血のとき、後脚を高々と上げる独特のスタイルを取ります。この場合、脚4本で事足りているわけです。

血の吸い口である口吻は、蚊の花形器官です。注射針のような簡単な仕組みではなく、5つのパーツからできていると言うと驚かれます。大まかに分けると、皮膚の中に差し込む「刺針部」と、鞘の役目で包み込む「下唇」からできています。刺針部の部品は、機能で上手に分けられます。まず皮膚を切り裂く小顎《しょうがく》が二枚。次いで、血を吸うストローの役目をする上唇、それを覆う二枚の大顎。最後は、血が固まらないように凝固抑制作用をもつ唾液を送り込む、下咽頭です。蚊が血管を探しあてるために、この刺針部を小刻みに動かす様子は、「ズドドド」という効果音がぴったりです。針のカバーの下唇は、吸血のときは「く」の字に折り曲げられていますが、フィラリア症の原因となる糸状虫はこの中に隠れています。

ちなみに、血を吸わないオスの口吻はここまで精巧ではなく、花密や甘露が吸えれば十分なため、概ねメスより短いです。

蚊は、吸血のために人間などの動物を探しだすことが生業《なりわい》です。そのため、外部の環境を

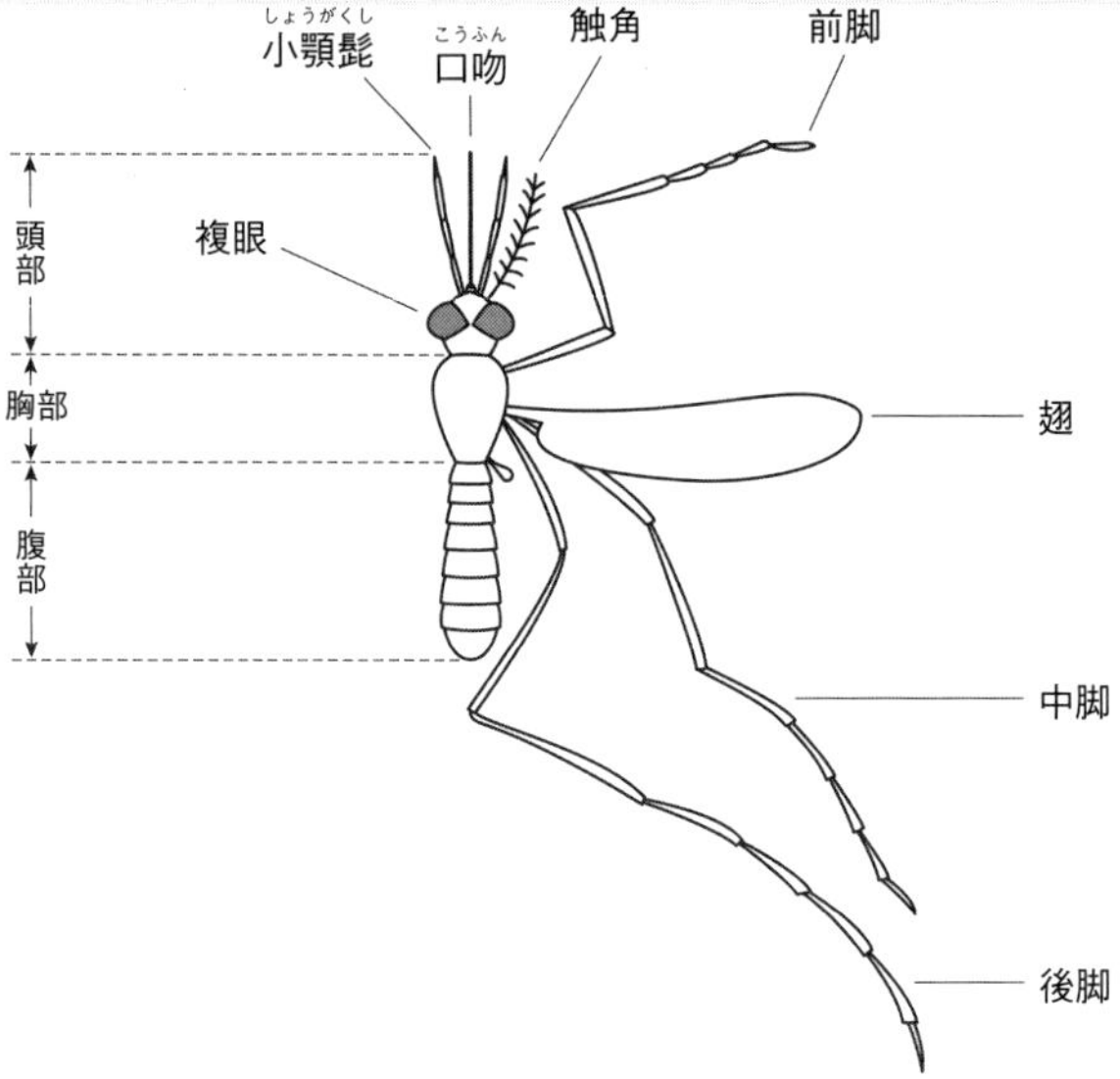
小顎鬚《しょうがくし》
口吻《こうふん》
触角
前脚
頭部
複眼
胸部
翅
腹部
中脚
後脚

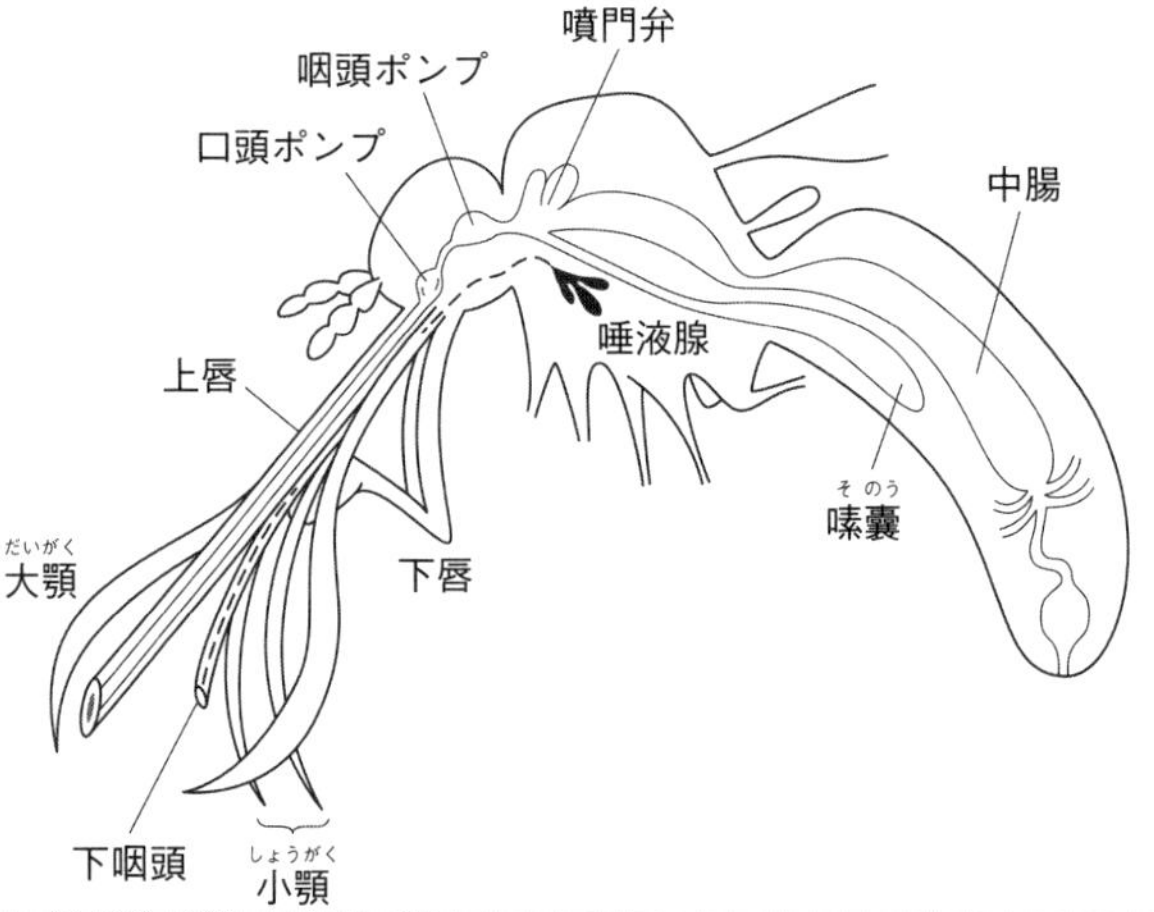
噴門弁
咽頭ポンプ
口頭ポンプ
中腸
唾液腺
上唇
嗉嚢《そのう》
大顎《だいがく》
下唇
下咽頭
小顎《しょうがく》

理解するためのセンサーが発達しています。大きな複眼は、頭部の前にせり出し、目の前の標的の色や動きを逃しません(そのせいで、後方視に長《た》けたハエ類の複眼に比べると、迫る人間の手に気づきづらいようです)。顔の前に伸びた2本組の立派な触角と小顎鬚《しょうがくし》は、小さな毛とともに二酸化炭素や匂いなどを受容するマイクロセンサーがたくさん埋め込まれています。オスの触角は、ごく微量のメスのフェロモンなどを感知するために、この毛がさらに小枝のように分岐し伸びて、まるでお化けマスカラのようです。彼らは聴覚も持っています。触角の根もとに、音を聞き取れる場所があり(ジョンストン器官といいます)、オスの触角が羽毛状であることのもうひとつの理由です。主にメスの翅音を聞き取っていると考えられていますが、蚊の種によってはカエルの鳴き声を捉えて吸血します。

さて、アフリカの話に戻ります。布をまとめて屋外に持ち出し、ピンセットで手際よく蚊を拾い集めます。布の上には、殺虫剤の効果でいろいろな虫が落ちてきます。手元に5〜6センチメートル大のサソリがいて、びっくりしたこともあります。蚊を集めるのは容易で、脚が華奢《きゃしゃ》で長くて、口吻が突き出ていて、お腹に血をたっぷり蓄えていれば、目的の貴婦人です。頭にフサフサが付いていればオスで、残念ながら不要です。寝室ひとつからメスのハマダラカが200匹以上採れることも珍しくなく、しかもそのほとんどは吸血済みです。それは一晩でその数だけ血を吸われることを意味し、蚊と人間の密接さを目の当たりにした人は例外なく絶句します。

蚊の華麗な変わり身

私の研究室で飼育している蚊は、ステフェンシハマダラカ(*Anopheles stephensi*)、ネッタイシマカ、ヒトスジシマカの3種類。研究用のために馴化《じゅんか》された蚊です(実験室系統といいます)。ステフェンシハマダラカは、中東や北アフリカでマラリア原虫を媒介しています。後者二つはいわゆるヤブカで、デングやチクングニア、ジカなどのウイルスを運ぶ、世界のあちこちで忌み嫌われているグループです。

これらの蚊を多いときは数万匹の単位で飼育していると言うと、お客さんは一様に驚いた顔をして、周りをきょろきょろし始めます。放し飼い(!)にしている実験室の存在を想像するようです。蚊の成虫は、オス・メス合わせて500匹ずつ、約30センチメートル四方の網かごの中に入れて飼っています。ここから、蚊の一生を見ていきましょう。

蚊のオスもメスも、自然界では花の蜜やアブラムシなどが排出する甘露を餌としています。普段、彼らが生きるにはそれで十分なのです。私たちのところでは、砂糖水を入れた小さな三角フラスコにろ紙を丸めて刺して、存分に吸ってもらっています。それをエネルギー源にして彼らは飛び回り、結婚相手を見つけ、交配します。

オスの精子を受け入れたメスは、吸血に対する欲求が高まります(逆に、処女メスは人間の匂いや熱などの誘引要素にぴくりとも反応しません)。がぜん、人間や動物に向かっていき、腹部が完全に膨満するまで血を求めます。この血はタンパク質や脂質などを豊富に含み、卵を作るための素材になります。実験室では、ネズミやウサギの血を温めて薄い膜の袋に入れてあげるだけで、十分用が足ります。古今東西、自分の血をあげる蚊の研究者も多いようです（私は滅多にしたことはありませんが）。吸血した蚊は、自分の卵巣を目一杯働かせ、百の単位で卵を作ります。お腹が白みがかるので、ルーペでも十分に判別できます。

蚊は、完全変態昆虫に分類されます。卵→幼虫→蛹《さなぎ》→成虫の順番に形を変えていきます。その大きな特徴は、幼虫と蛹の時期はともに水生であることでしょう。つまり、卵を孕《はら》んだメス蚊が産卵のために目指す先は、水辺になります。ハマダラカの卵には、両脇に浮き袋が1個ずつ付いており、そのおかげで水面に浮かびます。片やイエカは、100個ほどの卵をひとつの塊（卵舟《らんしゅう》）にして湖のボートのように浮かばせます。ヤブカは一風変わった産卵戦略を採ります。水面よりも少し上の壁面等に生み付けるのです。雨が降る時期は、水位が上がると卵が水に浸かり、孵化します。しかし晩秋などで水が減ると、そのまま乾燥して越冬します。

しばらくすると、幼虫が卵から孵化してきます。ボウフラと言ったほうが馴染み深いでしょうか。この赤ちゃんボウフラを1齢幼虫と呼び、脱皮を3回繰り返して大きくなりながら、4齢まで育ちます。自然界では、ボウフラは微生物や生物由来の有機物を取り込んで、生活しています。飼育にあたっては、鯉の餌1粒で結構な数の幼虫を養えます。

体の下方、先端部分に呼吸のための管が備わっており、それを水面に出すことで呼吸をしています。ハマダラカは例外で、体を水平に浮かせることで、背中の気門を水面に出して呼吸します。この水面で呼吸をするという特徴は、彼らにとってはときとして大いなる弱点になりました。20世紀初頭、パナマ運河を建設する際、工員を襲った黄熱禍を抑えるために、池や沼などボウフラが生息しそうな場所に片っ端から油が撒かれました。彼らは呼吸ができず窒息です。それをおこなわなかったフランスは撤退を余儀なくされ、実行したアメリカが運河建設を達成することになりました。

やがて、蛹になります。普通、「サナギ」と言えば、蝶やカイコ、カブトムシなどの〝動かない〟状態を連想するでしょう。しかし蚊の蛹は、見事な運動性を持っています。平たいバットに水を入れてボウフラと蛹を飼育しますが、その上で照明を遮るように手をかざすと、蛹は動く影を検知して、勢いよく逃げ回ります。

飼育する上でこれはやっかいな性質です。大きめのスポイトで蛹を吸って集めますが、彼らは逃げ回ります。世界のどの蚊の研究室も、この〝蛹拾い〟は日常の光景です。慣れない新人は、1日掛かりっ切りで1000匹以上の蛹と格闘することになります。この後、蛹の上部が割れて、中から成虫が現われます。蛹の殻をまるで舟にして、蚊が立ち上がる様子は圧巻です。翅がしっかり乾くと、羽化のプロセスは完了です。気がつくと、彼らはサッと飛び立って視界から消えていきます。

乾きや寒さもなんのその

日本において、マラリアが蚊によって媒介されることが正式に確認されたのは、寒冷地の北海道でした。明治時代の北海道の開拓者らは、マラリアに悩まされていました。明治末期頃には、年間約1万人の患者が発生し、昭和初期まで流行が続きました。そこで陸軍軍医だった都築甚之助が、ロナルド・ロスが見出した蚊媒介の知見をもとに、当時開拓と警備にあたっていた屯田兵らを対象にマラリアの調査を実施しました。都築は、北海道においてハマダラカの生息を初めて確認し、兵舎において捕獲したハマダラカから、マラリア原虫の存在を確認しました（都築甚之助・大町文興著「我邦ニ於ケル麻刺里亜蚊伝搬ノ証明」はウェブで公開されています）。ハマダラカは、冬には氷点下が当たり前な土地でも、危険な存在だったのです。

日本では、亜熱帯の沖縄などを除けば、冬の時期に蚊を見ることはありません。東京ならば10月下旬あたり、公園を散歩すると肌寒さが感じられる頃には、もう蚊に刺されることはなくなっているでしょう。その後、冬が明け、薫風が心地よい季節になってくると、ぽつぽつ蚊が出始めます。その留守にしている間、彼らはどこでどうやって冬をやり過ごしているのでしょうか。

蚊の越冬様式は主に二つです。ひとつは成虫のまま冬を過ごすタイプ、もうひとつは卵の状態で耐えるやり方です。これに加えて、単に低温に対して耐性を獲得する蚊もいます。

成虫が冬を乗り切るには、低温と低栄養の両方をなんとか解決しなければいけません。ハマダラカとイエカに成虫で越冬する種が多いようです。彼らのやり方は、概ね冬眠するクマやリスと似ており、休眠と呼ばれます。幼虫や蛹のときに、短日条件と低温にさらされた蚊は、冬の訪れを察知します。それらの成虫は、貯蔵脂肪を蓄え、栄養源を体内に確保します。メスの卵巣は初期段階でその発生を停止し、余計なエネルギーを消費しないようにします。解剖をすると、卵巣内の濾胞《ろほう》が小さいので、それで休眠個体かどうか判別が可能です。越冬場所として好まれるのは、霜が降りない場所、すなわち洞穴や齧歯《げっし》類が棲む穴などです。私たち人間の生活も結果として彼らを助けることになっており、厩舎、下水管、地下室、縁の下などからも越冬個体が見つかっています。

多くの温帯地域のヤブカ種は、卵の状態で越冬します。日が短くなり、気温も低下すると、メスの成虫は〝越冬卵〟を生みます。この卵は作られたときから越冬モードに入っており、冬を経験し、長日条件と温暖な気温が揃わない限り、孵化しません。たまの小春日和で幼虫が顔を出してしまったら、彼らにとっても困りものだからです。これらの越冬卵は、水際のちょっと(数センチメートル)上側に生み付けられます。これが鍵です。

この越冬卵は乾燥に強く、水がない状態でも平気です。そして春になり、雨が降り出した頃に、古タイヤや雨水マス、植木の受け皿などに水が溜まると、越冬卵が水に浸り、はれて幼虫が孵化する条件が揃うわけです。余談ですが、この性質は蚊の研究者にとってとても重宝されています。蚊の成虫をわんわん飛ばして育てなくても、卵を乾燥させてろ紙に挟んでおくだけで、お好みのヤブカ種を何ヶ月も保存できるのです。

びっくりするほど寒さに強い蚊たちもいます。北極海と大西洋に挟まれたグリーンランドでは、*Aedes nigripes* というヤブカが生息しています。この蚊は、なんと約1℃の冷水中でも生きることができます。これらの種の幼虫は、低温と短日条件をスイッチとして、代謝を極端に下げることでほぼ成長を停止します。3齢もしくは4齢幼虫のまま止まることが多いようです。その結果、表面が凍っているような水面下でも、半ば仮死状態で生き延びます。

このような寒冷や乾燥に強い性質は、人間からすると感染症の脅威と裏腹になります。

航空機が発達した頃から、飛行機による蚊の移動が問題になっています。2012年と2013年には、日本には土着していないネッタイシマカの蛹と幼虫が、成田空港で生息しているのが見つかりました。一般的に、飛行場は開かれた土地に作られているので、ボウフラが発生しやすい水たまりが豊富なことが多いのです。離陸準備をしているジェット機は、熱を持ち豊富に二酸化炭素を排出するため、蚊がそれを人間や野生動物と勘違いして、寄ってきてしまいます。その結果、車輪の格納庫などに入り込むことがあります。そのまま上空約1万メートルに上がると、そこはマイナス50℃の世界。しかし、蚊は十数時間程度のフライトであれば、その環境でもへっちゃらなのです。

日本でデングウイルスを媒介すると考えられているヒトスジシマカですが、その越冬卵の耐寒性は０℃付近です。せっかくの越冬のワザも、冬の平均気温が零下になってしまう土地では無意味です。しかし、日本でその生息域が徐々に広がりつつあります。１９５０年くらいまでは、北関東から北にはヒトスジシマカはいませんでした。しかし90年代後半から、毎年調査を進めるにつれて、その北限がどんどん高緯度に移りつつあります。現在は青森の八戸でヒトスジシマカが捕獲されています。八戸では、１月の平均気温が０℃を上回る年があったのは、１９５０年から40年間でたった二度でした。しかし90年以降、それを九度も記録していることを考えれば、蚊にとって縄張りを広めるチャンスになっているのは疑いありません。

高層階に蚊が！

ブルキナファソは発展途上国です。お金をしこたま出せば政府要人が泊まるようなホテルに入れますが、私たちは表向き〝三つ星〟の、質素なホテルを使います。ホテルの条件は、水でもいいからシャワーが出ること。錆入りの赤い水が出ようとも、それは御の字です。その他のことは気にしません。

ある朝のこと。そのとき、私は３階に泊まっていました。目覚めてシャワーを浴びようと浴室に入ります。明かりがまぶしく、寝ぼけ眼《まなこ》の私でしたが、目が慣れてくるとすぐに異変に気がつきました。なんと、全裸の私の周囲を、数十匹の蚊が飛び回っているのです。すぐそれらはイエカだと気がつきました。1〜2匹なら吸わせてあげてもいいのですが、これから仕事に出掛けるのに体中が痒いのは勘弁です。しかも朝の便意を催していて、早く便座にゆっくり腰掛けたい。仕方なく彼らと戦う決意を固めて、手で潰しに掛かりました。いい年をした大人が、素っ裸でパシパシやっているものですから、滑稽な踊りです。ふと壁に目をやると、浴室の壁に約10センチメートル径の穴が開いていました。やれやれ、とトイレットペーパーを丸めてその穴を塞ぎました。上層階であっても、少しの隙間があれば、壁の裏を縫って彼らはやってくるのです。

蚊は、どのような場所で育つのでしょうか。卵から幼虫、蛹までの時期は水が必要ですから、「水」の在処と性質で、蚊のお気に入りの場所を概ね分けることができます。

日本全国余すことなく生息するアカイエカは、古くから日本人を苛立たせてきました。そのボウフラは、下水溝(どぶ)、汚水溜、雨水マスなど、有機物が多い水を好んで生育します。家の周りにあるどぶや淀んだ汚水で容易に発生するので、羽化した成虫が家に侵入しやすく、「家蚊」の名前の由来にもなっています。私の子どもの頃は、町内会主導で週末などに「どぶさらい」がおこなわれていました。これは、昭和30年代の国の保健衛生対策である「蚊とハエのいない生活実践運動」にまで遡ります。住民参加型の地区衛生活動として実施され、アカイエカの発生を抑えるのがその目的でした。

本州以南、都市部の公園に行けばほぼお目に掛かれるヒトスジシマカは、繁殖のエキスパートです。そこそこ綺麗な水たまりがあれば、そこに卵を産み付けます。鉢植え、雨樋《あまどい》、放置された空き缶や古タイヤ、墓地の花立てなど、人間の住む環境ではこのような水溜めは枚挙に暇《いとま》がないでしょう。西アフリカなどの途上国では、ビニールの買い物袋がそこら中に捨てられていて、そこに水が溜まると格好のヤブカの繁殖場所になることから、国が頭を抱えています。

チカイエカは、真っ暗闇を好む蚊です。ビルの浄化槽、湧水槽、地下鉄の構内、古井戸などの地下の水を発生源とします。「地下家蚊」と書くと分かりますが、イエカの亜種とされています。建物が年中暖かいせいで、休眠せず、冬でも吸血することが可能です。オフィスビルやマンションなどで、壁裏の隙間や通風口などを通じて居室に入り込みます。高層階と言えども、安心できないのです。

比較的水質がいい水田や沼は、シナハマダラカやコガタアカイエカが好みます。前者は日本でのマラリア媒介蚊で、後者は日本脳炎を拡めます。海岸近くの岩の窪みなど、塩濃度の高い水で繁殖するトウゴウヤブカは、フィラリアを媒介します。戦中戦後に沖縄の八重山地方でマラリア禍を起こしたコガタハマダラカは、流れのある澄んだ川で採取することができます。珍しいものでは、ウツボカズラなどの食虫植物の消化液の中でも育つ蚊が見つかっています。

成虫は、どこにいるのでしょうか。私たちが蚊を目にするのは、ほぼ例外なく飛んでいるときです。しかし、蚊の成虫は、餌探しの他に、交尾・吸血・産卵の行動以外の時間は、実はじっと大人しくしている生き物です。

叩かれて昼の蚊を吐く木魚かな（夏目漱石）
釣鐘の中よりわんと鳴く蚊哉《かな》（小林一茶）

この二つの句でも、成虫の隠れ家が見て取れます。屋内であれば壁や柱、屋外なら木の幹や樹洞、草花の葉の裏、日陰の石垣などになります。（私たちも含めて）他のプレデター生物に見つからないようなところは、すべて彼らの休止場所になります。

このような蚊の生き様は、ときとして人間にも影響を与えます。

ヒトスジシマカは元来アジアの種でしたが、欧米やアフリカなどへの生息域拡大が問題となっています。その端緒になったのは、日本からの中古タイヤの輸出でした。日本は中古タイヤの表面を張り替えて再利用することは法律で禁止されています。そのため、特に高度成長期を中心に、それが可能な米国などにタイヤが輸出されました。古タイヤは、ヤブカなどの格好の繁殖場所です。そこに産み落とされた卵が越冬卵となり、タイヤを積んだ船と共に海を渡ったのです。余談ですが、中古タイヤの輸出国は日本の他にいくつかありましたが、越冬卵を作れるヒトスジシマカ系統を有するのは日本だけで、残念ながら犯人はわが日本となりました。

後日、西アフリカから帰るとき、乗り込んだエールフランス便で、搭乗口が閉まる直前に、客室乗務員が殺虫剤を噴霧して驚いたことがあります。颯爽《さっそう》と歩きながら、壁上部に向けて吹き付けます。東南アジア発着便でも見られる光景で、機内に入り込んだ蚊を死滅させる目的です。実際、西アフリカからの直行便が多いパリのシャルル・ド・ゴール空港では、1年間に空港職員の数名がマラリアを発症しています（エアポートマラリアと呼ばれています）。マラリア原虫を持った蚊が航空機により持ち込まれたと推測されています。日本でも、2011年に日本の空港に到着した38ヶ国・地域の国際線2000機以上を調べたところ、18機から32匹の蚊（ネッタイイエカ（*Culex quinquefasciatus*）やコガタアカイエカなど）が採取されました。飛び方はちょっと間抜けで弱々しい印象の蚊ですが、なかなかあなどれない相手なのです。

蚊柱はお見合いパーティ

ブルキナファソの村落で、日が陰り始めました。吸血済みの蚊は午前中に集め尽くしましたが、これからやることは、交配直後のメスを捕まえることです。同僚のブルキナファソ人研究者たちは、村のすぐ脇にある、何の変哲もない空き地に向かいます。二階建てくらいの高さの木のそば、何もない空間を彼らが指差します。薄暗い中、じっと目を凝らすと、1匹の蚊がふわっとやってきました。ハマダラカでしょう。上空3〜4メートルのところでとりとめもない様子で飛んでいます。ほどなく、もう1匹やってきました。さらに2匹、3匹、気がつけば、数百匹もあろうかという巨大な蚊の塊ができあがっていました。そう、蚊柱《かばしら》です。小林一茶が「一つ二つから蚊柱となりにけり」と詠んでいますが、まさにその通りの光景です。ただ、日本では決してこんな大きさにはならないでしょう。

アフリカに行くまで、私の中の「蚊柱」のイメージは、田んぼとセットでした。中学生の頃、部活が終わって自転車で帰る夏の夕刻、水田がある場所に差し掛かると決まって蚊柱がいくつか立っています。大きさは直径30センチメートルくらいでしょうか、自転車でそこを抜けるときに吸い込んでしまうので、えいっと息を止めてやり過ごします。歩きながら蚊柱に遭遇すると、蚊柱ごと私の頭について回るので、手で追い払っていました。ちなみに日本でよく見かけるのは、吸血しないユスリカのものです。

ブルキナファソのそれは、直径が数メートルにもなります。捕虫網を抱えて、それをよく見つめていると、突然空中にポツっと黒い点ができます。一組のオスとメスの蚊が空中で交配を始めたしるしです。ハマダラカの愛の営みは、いわゆる〝正常位〟です。お互いに体を地面に対して垂直に立て、脚を拡げた状態で飛びながら、腹部を合わせ、生殖器を結合させます。その黒い点が、上空の蚊柱から逃れるように、スーッと落ちてきます。そこを狙って網を一振り、可哀相な男女ペアの捕獲です。

この蚊柱は、「群飛」と呼ばれる行動の結果を見ているものです。多くの昆虫の例に漏れず、メス蚊の有効な交配は生涯でたった一度切りです。その理由は、最初の交配で注入されたオスの精子が受精嚢という器官に貯蔵されるからです。この蓄えの有効期限はメスの生涯に渡ります。卵が体外に出ていくとき、すべてがこの嚢《ふくろ》の精子と出会い、受精が完了します。また、オスは生殖付属腺というものを持っており、そこから分泌され精子とともにメスに送り込まれるタンパク質群は、メスの再交配意欲を減退させる効果を持っています。つまり、オスが自分の遺伝子を残すためには、処女蚊に対して〝一番乗り〟をしないといけません。

群飛のメリットはどのようなものでしょうか。群飛では、それを形成するほとんどの個体がオスです。多数のオスが集団で待ち構える中に、メスが1匹、1匹と飛び込んでいくのです。これをして、群飛は主たる交配方法では必要ない、と考える研究者もいます。個体群を維持するには、メスの数が少ないと見ることも可能だからです。実際、私たちが実験室で飼育しているハマダラカやヤブカも、狭い網かごの中で普通に交配します（でないと、維持できません）。

夏にせっせと繁殖に努めるセミやカエルを例にとると、彼らは（うるさいくらいに）ひたすら鳴いて、相手を引き寄せます。生まれた場所からあまり移動しないため、交配相手の生息密度が十分確保されているのです。しかし、人間や動物など吸血源を探索することを仕事とする蚊は、飛翔により広範囲に移動し、あちこちで卵を産みます。そのため、効率よく結婚相手を確保するために、合同お見合い会場を設置し、パーティ開始時間を決めておくのは、大変理に適っています。近親交配を避け、遺伝的多様性を担保するのにも一役買うと考えられています。そのせいか、飛翔距離が比較的長いハマダラカ、ヤブカ、イエカの仲間は、群飛をする種が多いです。また、ある地域のネッタイイエカは水牛の背中の上で群飛をします。さらに賢い種は、動物舎や人家の入り口で蚊柱を作ります。種によっては交配の前に人間や動物を探すものもあり、メスは見事な待ち伏せを受けることになります。加えて、初夜を済ませた新婦は、ご馳走を探す手間が省けるという仕組みです。

デングウイルス媒介蚊として悪名高きヒトスジシマカは、この蚊の〝ワンナイト・ラブ〟を逆手に取って、世界でその生息域を拡大しています。アジアン・タイガー・モスキートと呼ばれるどう猛さは、吸血に対してだけではなく、生殖行動にも当てはまります。蚊も他の昆虫と同様、別種同士が交配しても、子どもは生まれません。それどころか、受精嚢が異種の精子で占拠されてしまうため、そのメスはもはや一生涯、子孫が残せません。

この性質を利用して、交配意欲の強いヒトスジシマカは、新たに侵入した土地の在来ヤブカ種と無理やり交配することで、母屋を乗っ取ってしまうのです。たとえば、ネッタイシマカとヒトスジシマカの両方のオスがいる網かごに、未交配のネッタイシマカのメスを入れると、受精卵を生むことができるメスは1割に届きません。この現象は、ギリシャ神話の乱暴で欲情の塊である精霊サテュロスの名を取って、サテュリゼーション(satyrization)と呼ばれています。この名に恥じず(?)、ヒトスジシマカのオスは1週間で十数匹のメスに対して受精を成功させることができます。この高い受精能と長い交尾可能期間は、デングウイルス媒介蚊の制御の大きな壁になっています。

あなたは昼型？　夜型？

西アフリカの村落に行くときは、いつも半袖です。直射日光を浴びれば50℃近くになる地域ですから、油断をすると熱射病になりかねません。では虫除けをたっぷり塗っていくのですね、と聞かれますが、答えはノー。正確には、日中に蚊を採集に行くときには虫除けを使いません。マラリアを伝播するハマダラカは、昼間は活動しないことを知っているからです。

蚊にとって、「飛ぶ」ことは大事な切り札です。多くの飛翔系昆虫は、人為的に無理やり飛び続けさせられると、容易に死んでしまいます。多大なエネルギーを消費するので、なるべく飛ぶ時間を限って、効率を高めなければなりません。その対象は、餌、交配相手、吸血源(動物)、そして産卵場所の探索です。そのため、蚊は種によって行動する時間帯が異なります。行動によって多少の違いはありますが、概ね次の通りです。ヒトスジシマカなどのヤブカは昼行性、反対にアカイエカは夜行性です。ハマダラカは明け方や夕方を好み、これを薄暮活動性といいます。ビルの地下など年中暗闇で生活するチカイエカは、いつでも活動可能な、昼夜行性に分類されます。

この行動パターンは、驚くほど規律正しく制御されています。

私の研究室で蚊の行動を研究していた大学院生のMさんが、悪戦苦闘して自作の「蚊吸血行動測定装置」を作ってくれました。蚊の吸血行動を理解するのに、野外での観察研究や、人間や動物を使った研究では、どうしても環境や個体差などの要素が多くなかなか明解になりません。そこで、蚊が熱に寄る性質を利用して、なるべく単純な実験系を作ろうとしました。大人の身長くらいの恒温箱を用意して、温度は27℃で一定にします。明暗も調節して、昼夜を作ります。その中に、人肌を模した35℃の熱源を用意し、常に温めておきます。そこに二酸化炭素を15分に1回の頻度で送り込みます。そうすると、蚊は二酸化炭素に反応してホバリングしながら熱源に寄ります。その熱源の表面に赤外線レーザーを張っておくと、蚊がそれを遮ります。その回数がコンピューターに自動で記録されるという仕組みです。

この装置での大事なポイントは、変化は「明暗」しかないということです。

まず、メスのステフェンシハマダラカを50匹入れました。そうすると、照明が点いている明るい時間帯では、ハマダラカはほとんど吸血行動を示しません。しかし、明かりが消えた途端、彼らは俄然「お食事」を開始しました。熱源しかないので、実際には血を吸えないため、彼らはそのまま一晩中吸血のための飛翔を繰り返しました。

次に、メスのネッタイシマカを同じように50匹入れました。今度はまったく逆で、明るくなると吸血行動を盛んにおこない、暗くなると大人しくしています。これらは自然界での行動パターンによく合致していますが、私たちが驚いたのは、〝ご馳走〟（ダミー吸血源）はいつでも目の前にあるにもかかわらず、光の明暗でそれがしっかりと抑制されることです。

このような蚊の行動の明暗リズムを説明するために、以前から「概日リズム」がよく研究されています。概日リズムは、生物が内在的に持つものですが、光や温度、食事など外界からの刺激によって調整されます。体内時計とも呼べるもので、この時計を用いて、生物は外界の変化を事前に察知します。蚊の成虫を、途中から暗黒の中で飼育しても、約24時間で周期的に移り変わる各種行動パターンはそのまま保たれます。また、卵のときから明暗リズムをなくした状態で飼育した蚊は、暗闇の中でも日周リズムを刻みます。すなわち、蚊は生まれながらにして概日リズムを持っているのです。

概日リズムには、約24時間の時を刻む「時計遺伝子」群が関与しています。*cyc*, *clk*, *per*, *tim* などの時計遺伝子は、それぞれ時計のパーツのような役割を担っています。それらの時計遺伝子が1日の中で活動の強弱を付けることで、概日リズムを動かしています。蚊でもこれらの遺伝子が調べられていますが、興味深いことに昼行性のネッタイシマカと、夜行性のネッタイイエカの時計遺伝子発現パターンは、ほぼ同じです。核となる時計の仕組みは同じで、日中の仕事に出るか、夜勤に向かうかは、どうも別のメカニズムが働いているようです。

この蚊の明暗リズムを上手に利用することを覚えた病原体がいます。象皮症を起こすバンクロフト糸状虫やマレー糸状虫は（19ページのコラム参照）、その幼虫であるミクロフィラリアがネッタイイエカに血液とともに吸血されることで、生活環が回ります。このミクロフィラリアは賢いことに、昼間は感染者の血液中に現われません。ネッタイイエカは夜行性なので、昼間に血を吸いに来ることはないからです。このせいで、私は寄生虫の講義で医学生に対して、これらの糸状虫症を疑ったときは夜間に採血をするようにと教えています。ちなみに、バンクロフト糸状虫に感染した患者を昼間に無理やり寝かせると、ミクロフィラリアも血中に出てきます。蚊と違って、明暗を区別しているのではないようです。

◆コラム　結婚の若年齢化？

結婚相手の女性を射止めるのが大変なのは、古今東西変わりません。最近は街コンなるものが盛んなようです。しかし多数の男性に自分が混ざって品定めされるのは、なかなか嫌なものでしょう。女性の人数が少なければ、それだけ競争率も上がってしまいます。蚊の中でも、蚊柱などのパーティを忌み嫌い、代わって強引な手法で相手を確保する種がいます。

チビカ属やハボシカ属の蚊は、非群飛種が多く蚊柱を作りません。飛翔しながらメスの存在を捉える必要がないので、オスの触角はハマダラカのような羽毛状ではなく、のっぺりとしたこん棒のような形をしています。彼らは地上交配行動をするものとして分類されていますが、普通はメスが性フェロモンを発してオスを呼び込むところ、ハボシカなどのオスたちはそれが待ちきれません。なんと羽化したてのメスがまだ蛹の抜け殻の上で休んでいるところ、それを捕まえて、無理やり交配をします。メスの翅がまだ乾ききっていないタイミングなので、メスは飛んで逃げることができません。

ニュージーランドに生息する *Opifex* 属の蚊はさらにせっかちで、蛹が羽化準備のために水面に浮いてきたところを、脚でがっちり捕らえます（生まれてきたのがオスだったときの残念感は推し量るべし、ですが）。なんとも乱暴な方法ですが、同種の他のオスや他種に獲られてしまわないようにするための、種としての生存戦略と考えられています。

3 標的を発見！

アマゾンでの決死の蚊採集

アマゾンは、その名だたる大河よりも、空に突き抜けるような巨大な入道雲が記憶に焼き付いています。

以前は日本から南米ブラジルへの直行便がありました。ニューヨーク経由で一旦給油し（その間、搭乗したままです）、もう一晩のフライトでリオデジャネイロへ到着です。そこから国内線で北に戻る形で赤道に向かうと、アマゾンの中の都市マナウスに着きます。開拓時代のヨーロッパの雰囲気が色濃く残っており、あちこちにコロニアル風の建物が残っています。

ボートで蚊の採集に出掛けます。ソリモンエス川とネグロ川の合流地点では、「白い川」と「黒い川」と呼ばれるように、普通の川水と濁泥水がそれぞれ混ざらずに流れる姿に圧倒されました。しかしそこからジャングルに舟を進めると、もう一帯はスワンプ（沼）ばかり。数十世帯が暮らす小島に上がってみると、医療施設も兼ねた小さな保健所では、ポルトガル語で「蚊は怖い！」と書かれた大きな横断幕が掲げられていました。このアマゾンは、野生生物の楽園であると同時に、マラリアやデング熱などの病原体も幅を利かせているのです。

日がとっぷり暮れてから、蚊を集めに向かいます。狙う相手はハマダラカ、まずは牧場に行きます。暗闇のなか、牧柵の向こうにたくさんの牛が佇んでいます。目標はその牧柵です。吸虫管という専用の器具を使って蚊を集めます。何の変哲もない1メートルくらいのゴム管に、プラスチックの大きめのピペットを付けます（結合部に薄いガーゼを1枚挟んでおきます）。もう片方を口に咥《くわ》えて、切れ味良く空気を吸い込むと、蚊を捕らえることができます。この吸虫管を手に、木の柵に懐中電灯を当てながら探すと、蚊を発見。まるで〝蚊狩り〟でもしているかの如く、どんどん見つけては捕まえますが、不思議なことに、この蚊たちは私に向かってきません。なぜなら、彼らは牛が大好きなのです。

次に、私たちはベンチに腰掛けました。ズボンの裾をまくり上げて、靴下を下げ、脛を丸出しにします。左手に明かり、右手には吸虫管、さあかかってこい、とばかりにまさに臨戦態勢です。光を当てて自分の脚に目を凝らしていると、1匹の蚊がやってきました。飛んでいる蚊を捕まえるのは至難のワザです。じっと待っていると、私の肌に止まりました。そこをすかさず吸虫管で吸い取ります。うかうかしていると、どんどん蚊が飛んできます。

これらのハマダラカは、重症マラリアの原因となる熱帯熱マラリア原虫を持っている可能性があります。マラリアの流行地域では、１００匹当たり約1匹がマラリア原虫を保有するとされていますので（私の調査経験での最大値は、西アフリカでの4匹当たり1匹という値です）、無視できない数字です。血を吸われないように、必死で蚊を集める様は、どんなシューティングゲームよりもスリルたっぷりです。この方法は、人囮《おとり》法と呼ばれ、人間を好む蚊を効率よく集めることができます。

蚊は、血を与えてくれる物体（生き物）を的確に見分けます。結論から言ってしまうと、彼らにも好みがあります。一番のご馳走があるときは、それに一目散に向かいますが、食べるものがなくどうしようもないときは、嫌いなものでも我慢して口にします。選択性と柔軟性を兼ね備えているのです。この章では、最新の研究とともに蚊の標的認識の仕組みをまとめてみます。

蚊が持つレーダー

どうも日本人は、蚊に対する刺されやすさに関心が高いようです。その一番の理由は、あの苛立つ痒みのせいでしょう。蚊に何回刺されたか、その痒みの数で如実に分かってしまいます。それゆえ、たくさんの蚊を寄せ付ける自分の不幸を語りたがるのです。その「蚊に好かれてしまう」要素は、何なのでしょう。聞くといろんな答えが返ってきます。汗、体温、体臭、血液型、色黒、果ては自分はお酒をよく飲むから、などなど。一体、どれが真に重要なのでしょうか。

蚊の気持ちになって考えてみます。たとえば、お昼前に、カレーライスのいい匂いがしてきたとしましょう。ここで働くのは嗅覚です。鼻のいい人ならば、スパイスが利いたものか、お肉がごろごろ入っているものか、分かってしまうでしょう。しかし鼻腔は顔の前面に並んでいるので、匂い源の定位には不向きです(聴覚と比べれば容易に理解できます)。カレーライスの在処を探すために、あなたは歩き回ります。ルーの匂いが薄くなれば、離れたことを意味します。逆に濃厚になれば、カレーは近いです。それを繰り返すと、お皿に乗ったカレーライスが見えてきました。お皿を持ち上げて顔に寄せると、美味しそうな匂いとともに温かさが伝わって、いざ「いただきます」。さて、ここに至るまでに私たちが使ったものは、嗅覚・視覚・熱感覚です。実は、蚊でも概ね同様であることが分かっています。

メスの蚊が標的(動物)を捕捉するには、いくつかの器官を動員します。触角、小顎髭《しょうがくし》、脚、口吻、そして複眼です。複眼は、個眼の内部にある光受容器を介して、色と動きを認識します。複眼以外では、すべて「感覚子」という極微小のセンサーがその中心的役割を担っています。感覚子の内部には少数の感覚神経細胞があり、それらがクチクラという構造で取り囲まれています。このクチクラは、刺激受容のために様々なパターンの形状をとっています。

感覚子には、機械受容、匂いや味などの化学受容、温度受容、湿度受容など、それぞれに特化したものが存在しています。蚊の触角を、ヒトの片腕になぞらえますと、目で見える体毛(うぶ毛)は機械感覚子に相当します(毛に触れると分かります)。その毛と毛の間、皮膚には、温点や冷点、痛点や圧点があります。蚊でそれらの代わりをするものが、感覚子です。嗅覚子、温度感覚子、湿度感覚子などが並んでいます。感覚子は、その形状から、ドーム状、円錐状、単に細長いもの、こん棒のようなものと分けられます。たくさんの大きな毛の合間に、これらセンサーが隠れるように並んでいます。

メスの蚊の触角には、様々な匂いを受容する嗅覚子が並んでいます。またその先端には、温度変化を検知する感覚子が複数見つかっています。小顎髭には、二酸化炭素を受容する感覚子が多く見つかります。脚には味覚子が存在していて、動物の体表に触れたときにそこにある分子を認識すると考えられています。口吻は、吸血に特化した器官だと長らく考えられてきましたが、どうやらその表面に並んでいる温度感覚子が、動物の熱を感じるアンテナとして機能しているようです。

触角や小顎髭、脚などの器官は、みな付属肢というカテゴリーに含まれます。蚊が卵のときに、既にこの付属肢の〝種〟に相当するものが作られていて、その後発生が進むにつれてどのようなものになるか、順次運命が決められていきます。つまり、でき上がりの形は異なれど、頭に付いているものと、胸部に付いているものは兄弟なのです。相手を正確に見つけるために、それらがこぞって使われているのはなかなかに納得なのです。

蚊にとって、近くにある物体が生命体なのか、そしてそれが血を与えてくれる獲物なのか否かの判断は、これまで述べた感覚子群に対しての「入力」をもとにした、複雑な演算の結果と考えられています（最近の研究で、それがもう少し簡潔らしいことが分かってきましたが）。この感覚子の数を、化学受容（嗅覚・味覚）に着目して、いろんな吸血昆虫でみてみましょう。人間の頭に寄生するアタマジラミは約50個、畳やふとんに棲むトコジラミは約200個、しかしネッタイシマカになるとそれが1900個に跳ね上がります。飛翔距離が蚊よりも長く、ゆえに遠くの吸血源を見つけることに長《た》けたヒメアシマダラブユやサシバエは、それぞれ3000個、1万2000個の感覚子を持っています。感覚子の数は、パターン認識の多様さと感度の高さを担保しているようです。

蚊を引き寄せる三種の神器

アマゾンで私が出会った蚊は、種類こそ違えど、牛と人間をそれぞれ吸うものでした。吸血源を探し当てるために、蚊が持っている基本となる仕組みはきっと同じでしょう。では、この二つの動物に共通している〝目印〟は何でしょうか。すべての温血動物がマーカーとして差し出すもの、それは二酸化炭素、匂い、そして熱です。

蚊はあてもなく彷徨っているわけではありません。なるべくコストパフォーマンスよく標的を探すように〝プログラム〟されています。それは、大きく分けると、認識→誘導→着地の三段階方式になります。

蚊に対して、「獲物ガ来タゾ」と最初の気づきを与える役目を持つのが、二酸化炭素です。

種にもよりますが、無風で約10メートル前後の距離が、その効果の及ぶ範囲です。次いで、動物から発せられる匂いを主な頼りに、徐々に標的に近づいていきます。二酸化炭素も、単独または協調して、誘導に仕向けるようです。上手に忍び寄ることに成功したら、最後はその生き物が出す熱を認め、「我獲物ヲ見ツケタリ」とヘリコプターさながら皮膚に降り立ちます。遠距離（二酸化炭素）・中距離（匂い）・短距離（熱）の各目印の見事なリレー的活用です。

蚊は、腹ぺこの私たちがカレーライスを探し当てるのと同様に、複数の要素を組み合わせることで、到達確率を高めているのです。ただ、２０１４年の最新の研究から、これら三つの標的マーカーのうち、二つが満たされれば蚊は吸血するらしいことが分かってきました。後で述べますが、このことは、蚊が適度な柔軟性を持って動物を見つけるためのセーフティロックなのかも知れません。

私の研究室の可愛い蚊たちの網かごに、息をふっと吹きかけます。すると、壁面に留まっていた蚊が狂ったように飛び回ります。呼気中の二酸化炭素に反応して、一気に飛翔を開始します。反応するのはメスの蚊だけ、吸血に無縁のオスは知らんぷりでそのままです。私たちの吐く息には、濃度として約3万8０００ｐｐｍ（1ｐｐｍは1００万分の1、すなわち０・０００1％を示す）の二酸化炭素が含まれています。しかし、身のまわりの空気中にも二酸化炭素は存在するはずです。彼らは、二酸化炭素そのものの存在よりも、その濃度変化に敏感なのです。屋外の空気中には約３８０ｐｐｍの二酸化炭素がありますから、私が吹きかけた呼気でざっと100倍の変化を起こせます。もちろん濃度そのものも大事で、二酸化炭素の濃度が低いところでは真っ直ぐ飛翔します。一方、濃度が高くなると、30度以上斜めに曲がる回数が増えます。つまり、蚊は、人間などから遠いところではなるべく最短で標的に向かいますが、近くなるとジグザグに飛行し、匂いや熱の助けを借りて着地点(肌)を探すわけです。

標的をロックオン!

二酸化炭素のセンサーは、メスの蚊の小顎髭にある、こん棒状の感覚子です(capitate pegといいます)。0・01から4・0%までの幅広い二酸化炭素濃度に反応でき、また0・01%の変化も検出できる優れものです。ネッタイシマカでは、この感覚子の中にある、cpAニューロンという神経が二酸化炭素センサーの本体です。

この神経の細胞膜表面に、Gr1、Gr2、Gr3という二酸化炭素の受容体タンパク質が存在しています。これらの受容体は、小難しい言い方をすると、Gタンパク質共役型タンパク質の仲間で、7回も膜を貫通しているのが特徴です。昆虫の味や匂い成分の受容体にはこのタイプが多いです。2014年に、ロックフェラー大学のグループは、ゲノム編集という技術でGr3を持たないネッタイシマカを作り出しました。この蚊は、予想通り二酸化炭素に反応しなくなりましたが、熱や匂い成分(乳酸)にも誘引されにくくなりました。二酸化炭素の刺激があって初めて、他の要素への感受性がオンになることが分かったのです。

どんな匂いが蚊を引き寄せるか、これは厄介な問題です。人間の嗅覚を使った官能試験というものがあります。たとえば、カレーの臭気を化合物レベルにまで細かく分離して、生身の人間にひとつひとつ嗅いでもらうというやり方です。興味深いことに、様々な匂いが言葉で表現されて出てきます。燃えた紙、お酒、鉄、段ボール、緑茶、レモン、香草、焦げ、油など、数十種類の匂いが混ざり合った結果、私たちは「カレー」と認識していることが分かります。どうやら、蚊も同じようなのです。

人間などの動物の匂いは、蚊の吸血行動を引き起こす重要な要因と考えられています（実は、蚊の業界ではまだ議論が続いています）。動物の身体から生み出される2-メチルフェノールや乳酸、オクタノール、2-ブタノンなど、たくさんの化合物が蚊を誘引する効果を持っています。人間の汗が蚊にとって魅力的であることは、次のような実験から確かめられました。

網かごの中にネッタイシマカを入れ、それらの蚊が前腕に留まって吸血を始めるまでの時間を調べました。その数、１００人以上。その結果、ほとんどの被験者では、25秒以内で蚊が寄って吸血を始めましたが、数名だけが１００秒以上掛かりました。その理由はすぐに判明しました。蚊が寄りづらいその人たちは、無汗症だったのです。また、人の前腕８００本から、皮膚上の成分を集めたところ、誘引物質として乳酸が同定されています。

匂い成分は、触角上の嗅覚子で認識されます。それには、ＯｒというＧタンパク質共役型受容体が関与しています（二酸化炭素のところで出てきたＧｒの親戚です）。マラリア媒介蚊であるガンビエハマダラカ（*Anopheles gambiae*）は、79種類ものＯｒを持っています。

そう聞くと、なんだかどんな匂いでも嗅げそうな気がします。２０１０年に、イェール大学の研究チームが、この受容体を1個1個しらみつぶしに全部調べました。１１０個の誘引候補化合物に対する反応を、総当たりのリーグ戦方式で検証したのです。その結果、汗に含まれるインドールなどの本命物質は、特定のＯｒに認識される傾向が分かりました。つまり、標的を見分ける「匂いセット」のようなものが、匂い成分とＯｒの組合せとして、既に用意されていることになります。

このＯｒの機能を、全部まとめてダメにしてしまったらどうなるでしょうか。２０１３年に、その問いに答えが出ました。Ｏｒは、Ｏｒｃｏという別の受容体タンパク質とコンビを組むことで働きます。Ｏｒはたくさん種類がありますが、私たちに都合のいいことにＯｒｃｏは1種類しかありません。このＯｒｃｏを遺伝子操作で欠損してしまったネッタイシマカを作ったところ、嗅覚子の神経が、オクタノールや酪酸エチルなど様々な匂いに反応しなくなりました。普通のネッタイシマカは、人間とモルモット（テンジクネズミ）が両方いれば、人間を好んで選び寄ってきます。しかし、この〝鼻が馬鹿になっている〟蚊は、人間とモルモットの区別が付かずにどちらにも吸血に向かいました。吸血源の動物を正しく選ぶときに、匂いによる標的の符号化は大切なようです。

熱についてはどうでしょうか。空のペットボトルに人肌くらいのお湯を入れて、ハマダラカもしくはヤブカが入った網かごの上に載せます。すると、メスの蚊たちはこぞってペットボトルに張り付き、口吻で一生懸命刺そうとします（またぞろ、オスの諸君は平静です）。そこに生き物がいると勘違いしているわけです。この簡単な実験から分かることが2点あります。ひとつは、標的への最終ランディング（着地）と吸血には、熱があれば十分であること、もうひとつは、その熱の有効範囲は、網かごのサイズ、この場合なら約30センチメートルに及ぶことです。

この熱が蚊を誘引する範囲は、約40センチメートルが限界です。このことから、蚊は、熱放射ではなく対流熱を認識していると考えられています。ヒトの体表温度は32～34℃で、ここから発せられる対流熱が常温まで下がるのがそのくらいの距離であることからも納得です（目を閉じて、自分の手を徐々に顔に近づけて、熱を感じてみてください）。実際、私たちの蚊吸血行動測定装置（41ページ参照）にネッタイシマカを入れて、温度環境を37℃にしてみると、蚊は標的を探せなくなります。

ネッタイシマカは、体幹温度が異なる人間とニワトリを共に〝餌〟にできます。前者は37℃、後者は40～43℃ですが、実際にネッタイシマカは40℃くらいまで反応して誘引されます。それ以上の温度になると、蚊は寄ることをしません。熱を持った無機物か、地球上の生物ではないと判断するようです。

蚊において、熱を感じるセンサーは、イオンチャネル型受容体タンパク質であるTRPA1だと考えられています。TRPA1は、ハマダラカの触角にある熱感覚子に存在していま す。私の研究室では、口吻の感覚子にもこの受容体があることを見つけています。このTRPA1が働かない遺伝子組換えネッタイシマカを作ったところ、この蚊は50℃の擬似標的にも引き寄せられてしまうことが分かりました。温度の選り好みの仕組みが存在するようです。

O型の日本人は刺されやすい⁉

蚊の採集法で、スウィーピング法というものがあります。長い柄、大きな袋の昆虫用の網を使いますが、蝶を追いかけるのとは一風異なります。網を地面に平行に、ゆっくりと振ります。袋状の網が鯉のぼりのようにたなびくくらいの速度です。この振り方で藪や林などで蚊を集めますが、人を囮《おとり》にすることもできます。沖縄にフィラリア媒介蚊を集めに行ったときには、当時大学院生だったB君を地面に座らせ、私たちがそのまわりで網をゆっくり動かしました。どんどん寄ってくる蚊を網に捕らえては、集めます。彼が生け贄に選ばれた理由は、血液型がO型だったからです。周りで見守る他の私たちには目もくれず、蚊はB君を目指します。

血液型と蚊の誘引については、何十年も前から研究者の興味を惹き付けてきました。それは〝都市伝説〟などの検証目的ではなく、人類学の視点からです。蚊に吸われやすいということは、マラリアや黄熱などの致死性の高い病原体に曝されやすいことを意味します。それは人類の生存に不利に働いたはずで、人類の祖先がアフリカ大陸を出て、凍てつく冬を持つ地域にまで移動した理由のひとつと推定されています。温帯やツンドラでは、蚊が出る時期が限られているからです。その移動に伴って作られた人類の遺伝的多様性について、検査が簡単なＡＢＯ式血液型は、よく使われた古典的な指標でした。

Ｏ型論争は未だに続いています。「やっぱりＯ型が刺されやすい」「いや血液型で差はない」の繰り返しです。２００４年に、日本の研究グループが64人の被験者に対しておこなった実験結果では、たとえばＯ型の人はＡ型よりも約2倍効率よくヒトスジシマカを誘引することが分かりました。しかし、蚊が、吸う前に相手の血液型を知る術《すべ》はさすがにないでしょう。

血液型を決める血液型抗原は、糖転移酵素（A型転移酵素、B型転移酵素）により決定されており、第9番染色体に遺伝子が存在しています。遺伝の法則に従って次世代に伝わるので、糖転移酵素遺伝子のごく近くに「蚊の刺されやすさ（またはその反対）に影響を与える遺伝子」がきっとあって、見かけ血液型と一緒に遺伝していると考えられています（連鎖といいます）。しかしまだ仮説に過ぎず、Ｏ型の日本人が刺されやすい理由は謎です。

蚊がその複眼で認識する色と誘引について、気の利いた研究があります。被験者に様々な色のシャツを着てもらい、ヤブカ種がどれだけ集まるかを調べたのです。その結果、黒、青、赤、緑、黄、白の順によく蚊を引き寄せました（被験者はシャツを着替えるだけなので、二酸化炭素、匂い、熱など他の要素の変化を気にしなくていいのです）。黒と白の差は3〜4倍ですから、少なくとも蚊に刺されたくないのであれば、明るい色の服を着るべきという結果です。

また、蚊は「丸い形」と「平たい板」であれば、前者を好みます。蚊の複眼は、無数の個眼がドーム状になった集まりです。それぞれの個眼が光に応答して、その入力を集約して像を作ります。球は立体ですから、光の反射による視覚情報が富んでおり、それを標的として見なすようにプログラムされているようです。概ね平らな生物は、海に棲むエイとマンボウくらいでしょうから。蚊は動きにも敏感で、麻酔して寝かせたネズミと、自由に行動させたネズミを比較すると、ネッタイシマカは後者により引き付けられます。これも、生物と非生物の区別に役立っているように思えます。

蚊の〝耳〟も、標的の探索に使われることがあります。それは、チビカ属の蚊たちによるものです。この蚊は両生類吸血性の珍しい蚊で、カエルの血を吸います。カエルは変温動物ですから、外界の温度と体温が同じなため、蚊は熱を頼りに探すことができません。なんと、チビカのある種は、カエルの鳴き声を標的マーカーとして採用しています。触角の根もとにあるジョンストン器官で、カエル特有の声を捉えて寄っていくのです。

２００５年に、琉球大学の研究者らが、吸引式の蚊採取ワナと一緒に、沖縄に生息する様々なカエルの鳴き声を録音したＣＤを流す実験をしました（対照群には、ヒーリング音楽のＣ

Dを使ったそうです）。その結果、カエルを吸血する蚊種がたくさん捕まりました。現在の吸血性蚊の起源は、約2億5000年前のペルム紀付近と考えられています。その頃の蚊は、もっぱらカエルを吸っていたのかも知れません。

リンバーガーチーズの悪臭

蚊の研究者が集まる国際学会に参加すると、世界の最先端にいる研究者たちが「成人男性に靴下を履かせ、24時間脱がないよう指示しました。そのような靴下を26足集め……」のような発表を真面目にしています。ニヤニヤもしくは唖然とするかも知れませんが、人間そのものを対象とするため、一見こんな滑稽な実験を組む必要があります。

人間の匂いには数百種の化合物が含まれていますが、実はこれらは私たち自身が分泌しているものだけではありません。人間の皮膚表面には無数の常在細菌がいて、1平方センチメートル当たり100万〜1000万個と言われています。これらの菌は、生きるために私たちの皮脂や汗などの成分を利用して、様々な代謝産物を作り出します。たとえば、大腸菌はインドールを作り出しますが、インドールは蚊を誘引する重要な物質のひとつです。

1995年に、オランダの研究グループは、ガンビエハマダラカが足の甲や脛に引き付けられる理由を求めていました。その結果、足の指の間に棲むブレビバクテリウム属菌の一種である、*Brevibacterium epidermis* が、グリセリドを脂肪酸に代謝することで、ハマダラカを誘引することが分かりました。この菌は足の悪臭を作り出す犯人とされていましたが、このグループの研究者が「この菌の匂いは、リンバーガーチーズのそれと似ているぞ」と気がつきます。ベルギー原産のこのチーズは、喜劇王チャップリンが劇中でネタにするほど、凄まじい臭気で知られています(要するに、足の臭いのする食べ物です)。

このチーズの製法の特徴は、同じブレビバクテリウム属の細菌である、*Brevibacterium linens* を使うこと。発祥はベルギーの修道院で、チーズの水切りもしくはカード(凝乳)と牛乳を混ぜる際に、人が裸足で踏みつけていたそうです。果たして、リンバーガーチーズの匂いはハマダラカをよく誘引することが分かり、この研究者らは2006年にイグ・ノーベル賞を受賞しました。

浮気性の蚊

私に10年来連れ添っている犬(ラブラドール・レトリーバー)がいます。北海道に住んでいた頃、この犬と散歩がてら十勝平野の林を抜けようとすると、私たちに気がついたヤブカが飛んで来ます。しかし吸われるのは私ではなく、犬のほう。目元や口の周りの毛がない部分に、蚊がそぞろたかっている様子は可哀相で、手で追い払ってあげますが、数が多く焼け石に水です。

この広い土地に棲む北海道のヤブカは、きっと日頃から野生動物を吸血源にしているのでしょう。この蚊の性質を、動物嗜好性といいます。一方、東京の都区内で、同じように我が犬と公園を散歩します。ベンチに座っていると、ヤブカがわんわん飛んで来ます。今度は私が吸われる番で、蚊は犬には見向きもしません。ヒトスジシマカが都市型になって、人間しか吸わなくなった証しです。ヒト嗜好性と呼びます。この蚊の好き嫌いは、変わらないものなのでしょうか。

私が東京大学にいた頃、ガンビエハマダラカの飼育をしようと、米国のジョンスホプキンス大学の研究者から卵を送って貰いました。宅急便の箱には手紙が添えられており、「この蚊は、ウサギを吸わせていたものである。気を付けられたし」。私の研究室では、蚊の吸血にすべてハツカネズミを使っていましたが、その但し書きの意味をすぐ知ることになります。この舶来物のハマダラカが、ネズミを気に入ってくれないのです。

手紙には続きがありました。「5世代、蚊を維持するように」。まるでお告げを聞くかのように、私たちはなんとか少しばかり吸ったメスの蚊を大事に育て、卵を集め、そこから育った成虫にネズミを吸わせました。すると、世代を経るごとに、ネズミを吸う個体が増え始めたのです。5世代目が誕生する頃には、すっかりネズミ好きの蚊になりました。この5世代という指標はひとつの業界のマジックナンバーで、蚊の好み（吸血嗜好性といいます）が頑強でもあり、かつ柔軟でもあることの好例になっています。

これを裏付けるように、蚊は案外いろんな生き物を吸います。いや、正確に言うと、吸うことができます。私たちを悩ませるヒトスジシマカは、イヌ、ネコ、ウシ、ネズミやニワトリなどの哺乳類・鳥類だけでなく、ヘビやカメ、カエル、果てはカタツムリやカイコからも体液を吸います。ここで重要なのは、選択の余地があるか否か、です。

私たちは、パンの耳をメインディッシュにしようとしません。しかし、何日も食べ物が手に入らない状態では、パンの耳はご馳走に化けます。この性質は、蚊という種の維持において大変重要です。蚊は血を得ない限り、産卵することができず、子孫を残せないまま絶えてしまうからです。

しかし、蚊の浮気の守備範囲の広さは、ときに人間にとって困ったことを引き起こします。そう、感染症の問題です。東南アジアの国々で、過去に「トラクターマラリア」と呼ばれる流行がありました。日本も含めて、以前の農耕において、牛や馬などの家畜は欠かせないものでした。その後、トラクターや耕耘機などの農業機械が普及し始めると、あちこちでマラリア患者数が劇的に増えるという現象が発生しました。調べてみると、本来はあまり人間に対する吸血嗜好性が高くないハマダラカ種が、なぜか農家の人たちを吸うようになっていたのです。それまで、家屋の脇で一緒に暮らしていた家畜が、それらのハマダラカの大事な血の供給源でした。その牛や馬が消えたことで、困ったハマダラカは、すぐ近くの代替品を見つけました。それが人間だったのです。

蚊媒介性の感染症の拡がり方は、蚊の嗜好性に大きく左右されます。

病原体を中心に考えてみます。もしある蚊が、動物種Aを主に吸うのであれば、病原体は、その蚊と動物種Aの間だけを循環します。このような蚊は「維持型」に分類されます。一方、ある蚊が動物種Aと動物種Bから吸血する場合、病原体はその2種類の動物をまたいで生き延びることになります。ここに貢献する蚊は「橋渡し型」と呼ばれます。

維持型の蚊が働く例は、熱帯熱マラリアとデング熱でしょう。この二つの疾病の病原体は、ほぼ人間のみを宿主にします。マラリア原虫やデングウイルスを持った蚊が、人間ではなく違う動物も同様に吸うのであれば、これらの感染症の有り様はまったく異なったものになるはずです。

橋渡し型の典型例は、日本におけるコガタアカイエカでしょう。この蚊は、日本脳炎ウイルスを媒介し、人間に重篤な急性脳炎を起こします。発症した場合の死亡率は20～40％と高く、日本ではワクチン接種で感染を予防しています。このウイルスは、普段は主にブタを宿主(増幅動物)に、蚊との間を交互に行き来しながら増えています。この感染ブタの血を吸ったコガタアカイエカが、次に人間を吸うと、日本脳炎ウイルスが注入されてしまいます。

蚊は、まさに橋渡し役を果たすのです。興味深いことに、コガタアカイエカは「ほとんどブタかウシ、ごくたまに人間」という嗜好性を示します。人間を吸うのは約1％程度の個体という実験結果があります。1匹の蚊が、ふらふらと群れを離れて人間を吸いに行くときの気持ちを、ちょっと聞いてみたくなります。

デングウイルスを媒介するネッタイシマカは、元々は森林に棲む種でした。動物の血を吸って生活していたのです。それが、人口の増加や開発などによって、人間の血を吸うようになりました。2014年に米国の研究者らは、この「森林型から家屋周辺型」への変わり身に注目しました。ケニア沿岸部に生息するこの2種類の型のネッタイシマカを調べたところ、匂いを受容するOrのひとつ、Or4が鍵であることが分かりました。この家屋周辺型ネッタイシマカのOr4は、人間の匂いに高濃度で含まれる化合物スルカトンに対する感度を高めるように変化していたのです。たかが血、されど血、必死に標的を探す蚊の適応能力には恐れ入ります。

◆コラム　迷惑なタッグ

米国では、未だ西ナイル熱が流行しています。この感染症は、西ナイルウイルスが原因で発熱や脳炎が引き起こされるもので、蚊媒介性です。米国では1999年にニューヨークで最初の患者が発生し、悪い意味でのゴールドラッシュさながら、わずか数年で西海岸までその流行が到達しました。現在も毎年数十名が犠牲になっています。米国のような先進国でも、蚊に刺されることで人が死に至っているのです。

本来、このウイルスは鳥と蚊の間で循環していますが、アカイエカの一種が鳥と人間の両方を吸血する際に、人間が感染するようになりました。人間は行き止まりで、ヒト―ヒト間の蚊媒介は確認されていません。まさに「橋渡し型」の一例のように思えますが、少し様相が異なっていました。それまで米国で知られていたアカイエカ種のうち、鳥を好んで吸血するタイプは主に地上で活動するのに対し、人間を刺すタイプは下水道や地下鉄など地下に生息していたからです。その両者の蚊は遺伝子の型も違うので、当初は西ナイルウイルスが人間にやってくる理由が判然としませんでした。

その謎は、遺伝子の解析から明らかになりました。実は、アカイエカのヒト嗜好性と鳥嗜好性のタイプの間で、交雑が起きていたのです。これによって、両方ともに好んで誘引されるアカイエカの系統が生まれました。この個体数が増えていたため、西ナイルウイルスに感染した渡り鳥が進入した際、ウイルスが一気に人間界に拡まったというわけです。ちっぽけな蚊ではありますが、自然が見せる変容に畏怖を感じずにはいられません。

4 蚊が血を吸うわけ

毎晩の血の儀式

話は西アフリカに戻ります。

アフリカで問題になっているマラリア媒介種のハマダラカは、専門用語で言うと「屋内吸血‐屋内係留」タイプです。部屋の中にいる人間の血を吸い、その後逃げ出すことはなく、そのまま部屋の壁で休むという習性です。それゆえ、翌日の朝に殺虫剤を利用して集める蚊の数は、その寝室で一晩過ごした人が何回吸血されたかを表わしています。私たちがよく訪れる村では、それが200を超えることは珍しくありません。

それらの蚊を集めて、首都ワガドゥグにある国立研究所に向かいます。マラリアだけに特化した研究機関です。研究所の一角の小さな実験室が、私たちの間借り場所です。そこは簡素なテーブルと実体顕微鏡があり、それを覗きながら蚊を1匹ずつ解剖していきます。昆虫業界で名刀の誉れ、スイス製「デュモントの5番」ピンセットを両手に持ち、血がいっぱいに詰まった中腸を腹部から取り出します。それを何匹も繰り返すと、蚊を載せた解剖皿が血で真っ赤になります。さながら殺人事件の現場のようですが、それらはまさにヒト様の血。ピンセットで誤って自分の手を刺すと、ＨＩＶの感染を引き起こす危険性すらあります(西アフリカもＡＩＤＳ禍に巻き込まれている地域です)。

これらの血液は、蚊自身の晩餐のためではありません。貴重な栄養源として、余すところなく次世代(＝卵)を生み出すために使われます。蚊のひと刺しが、また新たな蚊を誕生させることになりますが、感染症に立ち向かう人間から見ると、その現実は思ったよりも深刻です。私たちが訪れた村を例に取ると、それは次のように表わすことができます。

人数：　1
一晩で刺される回数：200
痒い箇所：　0(0箇所というのは間違いではありません)
作られる卵の数：　40000

これらの数字が持つ真の重みは、蚊に刺されたことのある人なら(つまりほぼ全員が)たやすく理解するでしょう。電気も水道もない村で、北斗七星が横たわって見えるアフリカの夜のとばり、人々は気にも留めることもなくたくさんの蚊に血を差し出しているのです。日本に住む私たちなら、きっと1時間も耐えられないことでしょう。血とは、人間と蚊の間を一方通行で流通する、通貨のようなものと言えます。その貨幣価値は、どのくらいのものなのでしょうか。

蚊は上手な採血者?

私は注射をされるのが大嫌いです。好きという人はいないでしょうが、最近の健康診断では検査のために採血管を4〜5本使うこともザラにあります。私が嫌なのは、最初の痛みと、血を抜いている間じゅう、針がずっと刺さっているあの感覚です。

蚊の注射器は、そんな私でも許せる精巧さを誇っています。無痛針のモデルにもなった蚊の口吻は、驚くほど複雑な構造で組み上がっていますが(23ページ参照)、特に目を引く構造は一対の小顎《しょうがく》でしょう。小顎は、その先端の外縁に10〜20個の歯をもっていて、ノコギリまたはステーキナイフの役割を果たします。

人間に使う注射針では、極限まで尖らせた先端に圧が一点集中することで、皮膚が切り裂かれます。小さくて軽い蚊には、そのようなひと押しは不可能です。代わりに、小顎でざくざくと切り開いて、ストローに相当する部分が差し込めるようにします。この小顎による切り裂き方はなかなかに豪快で、毎秒6〜7回もの速さで上下します。

蚊が吸血を終えて口吻を皮膚から引き抜くときには、この小顎の歯面が内側を向いて、引っかからないようにします。吸血をしないオスの口吻は、このような歯状の構造を持ちません。また、皮膚が柔らかい鳥やカエルなどを刺す蚊は、歯の数が少ないことが知られています。

研究室で飼育している蚊は、私の大切な商売道具です。頑張ってくれている蚊たちへのご褒美もかねて、試しに自分の血を吸わせてみたことがあります。ネッタイシマカの諸君はなかなか上手です。個体によってはときどきちくっとしますが、割とスムーズに針を刺し終えて、血の吸い上げ体勢に入ります。一方、マラリアを媒介するハマダラカの仲間であるステフェンシハマダラカたちは、お説教をしたくなるくらい下手です。皮下に埋もれている血管を懸命に探している様子が窺えますが、なかなか見つからず、おかげでちくちくちくちく、こちらが苛立ってきます。「君たち、きっと日本では生きていけないよ」。

この血管探索の成否は、その後の血の吸い方に影響を及ぼします。末梢血管吸血は、血管を上手に探し当て、そこに針を差し込むやり方です。しかし、運悪く新米の研修医に当たったときのように、血管をかすめるのが精一杯のときはどうするのでしょうか。このとき、蚊は鬱血《うっけつ》吸血という方法を採ります。傷付いた血管から漏れ出した血が、皮膚内に血だまりを作ります。そこからストローで吸い上げるのです。皮膚が薄くて便利なウサギの耳を使った研究では、血管吸血と鬱血吸血の割合は7対3だったそうです。なんとなく、人間の世界と似ているような気がしませんか。

人間の血液は、血管から出ると固まるようにできています。血管の組織破壊が、局所的な血管収縮、血小板栓の形成、そして血液凝固を誘導し、止血します。蚊は、人間の採血時と同様、自分の口吻を血管に突き刺している分には困りません。針先が血管内に直接入っているからです。しかし、血管の外で血だまりを作る鬱血吸血の場合、この血液凝固のハードルを越えなければなりません。そこで働くのが、蚊の唾液です。

蚊の唾液は、口吻の下咽頭の先端にある唾液管の口から注入されます。この唾液管を手術で切断してしまったネッタイシマカは、血液を探索する時間が約4倍に増えます。このことから分かることは2点あり、唾液は吸血には必ずしも必要ではないこと、そして唾液は効率的な吸血を促進すること、になります。針が血管内にきちんと刺されば御の字、そうでなければ唾液の力を借りて、漏れ出た血液のおこぼれに与《あずか》る、と考えることができます。

唾液には、トリプシン・キモトリプシン阻害剤、リパーゼ、ガレクチン、アピラーゼなど、タンパク質から低分子化合物まで多種多様な成分が含まれています。それらの作用は、凝固そのものを防いだり、刺激を無効化してしまうなど、様々です。

２００８年、日本のグループはハマダラカの唾液からＡＡＰＰタンパク質を同定しました。この因子は血小板凝集を強力に抑えます。その能力は、今までに分かっている天然物のなかで最も高く、人間の血栓症などの予防や治療への応用も視野に入れられています。蚊の悪知恵も、使いようによっては人間の役に立つ可能性がありそうです。

蚊の唾液だけでなく、病原体自身も加勢して、効率のいい吸血をアシストすると考えられています。マラリアやデング熱などの感染症になると、血小板が減少します。事実、マラリア原虫が感染したネズミを蚊に吸わせると、吸血を終えるまでの時間が1分ほど短くなります。蚊媒介性のリフトバレーウイルスは、感染するとその患者に血管拡張を起こします。いずれの場合も、蚊が血を吸う行為を利するものです。病原体は、自分の分身をたっぷり作って増えた後は、宿主が死んでしまう前に、もしくは宿主側の免疫が反抗を開始する前に、その身体から脱出しなければなりません。蚊と病原体の共進化の一例とみなせるかも知れません。

死の接吻

緯度が高くなれば高くなるほど、蚊の猛攻に遭います。米国アラスカ州では、州鳥が蚊であると住民が自嘲するくらい、蚊が夏に大量発生します（本来の州鳥のカラフトライチョウに同情します）。仕組みは簡単で、寒冷地では蚊の生育に適した夏の時期が短いので、それに合わせて一斉に蚊が出現するというものです。その際に個体数が桁違いになるのは、大量発生するサバクトビバッタや17年ゼミなどを考えれば理解できます。その限られた時期に、結婚相手を探し、可能な限り子どもを残すという、種としての責務を果たそうとします。蚊の場合、これは〝可能な限り血を吸い尽くす〟ことを意味します。

蚊が満腹になるまでに吸うことのできる血液の量は、ほぼ自分の体重と同じくらいです。種にもよりますが、概ね2ミリグラムほどの血液を身体に取り込みます。ざっと換算すると、500ミリリットルのペットボトルの25万分の1の量です。1匹が吸うのはごく微々たるものですが、蚊が数十万の大群で押し寄せたときに、その一滴の血は致命傷につながることがあります。

アラスカに棲む一部のカリブー（トナカイ）は、ツンドラ地帯で生き抜くために身に付けた、奇妙な習性があります。それは、*Aedes nigripes* などの寒冷種の蚊（31ページ参照）が発生する季節になると、海岸近くの氷原に集まって過ごすというものです。これは、蚊に襲われることを避けるための行動と考えられています。事実、アラスカの蚊の数は、私たちの想像をはるかに上回るものです。蚊柱は10万匹規模で作られることも珍しくなく、それはあたかも蜃気楼のように見えます。吸血のときも同じようなスケールで、蚊が野生動物や人間を取り囲みます（手で1回ぴしゃりと叩いて殺した蚊の非公式世界記録は、78匹とされています）。

猛攻を受けた動物は、一度で数百ミリリットルの血液が失われる計算になります。これが日を変えていくたびも繰り返されます。その結果、生まれたばかりで身体が小さい子鹿カリブーは、重度の貧血または失血により死んでしまいます。妊娠中のカリブーも、流産を起こしやすくなります。似たようなことは他の地域でも観察されており、シベリアの牛も蚊には四苦八苦、なかにはそれが元で死んでしまうこともあるようです。

蚊は、血をしこたま吸ってしまえば、それで満足です。血そのものの種類、つまりどんな動物の血液かということには無頓着なので、その性質を利用した生活の知恵を、アフリカの一部の地域に見ることができます。家畜を解体したときに余った血を温めて、ビニール袋に入れて軒先にぶら下げるのです。そうすると、家屋に近寄ってきた蚊は、熱を持っているその〝血袋〟を標的と勘違いします。蚊はその袋の表面にそぞろ留まって、口吻をビニールに突き刺して一生懸命吸うのです。満腹になった彼らは、もはや人間には見向きもしません。もしそれらの蚊がマラリア原虫などの病原体を持っていても、血袋に置き去りにされた病原体は、行く場所もなく死に体です。身代わりの血液を差し出すことで、蚊と人間の双方が利益を得るわけです。

蚊は、どのようにして血液を吸い上げるのでしょうか。暖房器具に燃料を入れるための、手動の灯油ポンプを例に取りましょう。灯油ポンプは、吸い上げノズルと、ポンプ駆動部（赤いところ）でできています。手で駆動部をつぶすと、その内部気圧が低下し、液体が吸い上がる仕組みです。ノズルは、まさに蚊の口吻です。その根もとは駆動部につながりますが、実は蚊はこの駆動部を2連結で持っています。それが〝企業秘密〟の優れものなのです。

最初の駆動部を口腔ポンプ、次を咽頭ポンプと呼びます。口腔ポンプの作用で吸い込んだ血液は、口腔ポンプの内部に一度溜まります。その血液を、次の咽頭ポンプの力で引き上げ、勢いよく中腸に送り込むのです。

このツインポンプ方式により、蚊は迅速に血液を取り込むことができます。その速度は、1分間で約1ミリグラム。つまり、2分間あれば蚊は満腹(2ミリグラム)できることになります。蚊のようにポンプを二つ搭載している昆虫は、蝶やセミなどの糖蜜・樹液食の虫を含めても珍しく、他はブユやアブくらいです。

血のお味はいかが?

人工吸血法という手技があります。人肌ほどのお湯が入ったプラスチック容器の底に、薄い膜(パラフィンフィルム)を張ります。この容器を蚊がたくさん入っている網かごの上に置くと、熱を感知してメスの蚊が寄ってきます。あらかじめ、薄い膜と容器の隙間にネズミなどの血液を入れておくと、蚊が口吻を膜に突き刺して、ごくごくと血を吸ってくれます。

私の研究室の教員が、ある実験をしました。生理食塩水に、食用黄四号と青一号で色を付けたものを用意しました。絵の具を溶かしたようなグリーンの液体になります。これを、人工吸血法でネッタイシマカに飲ませようとしました。メスたちは口吻を膜に刺しはしますが、お気に召さないのか吸おうとはしません。刺しては抜くの繰り返し。そこで、その緑の液体にATP(アデノシン三リン酸)という物質を注入してあげます。そうすると、蚊は人(虫)が変わったかのように吸い始めました。みるみるお腹が膨れていき、数分後には満腹になったヤブカがたくさんでき上がりました。一様にお腹が緑色なのが少し異様ですが、ATPという化合物の存在だけで、蚊は血と勘違いして吸うのです。

ATPは核酸の一種で、すべての生物において、細胞レベルでのエネルギーの放出や貯蔵、物質代謝などで重要な役目を果たしています。蚊は、ATPだけでなく、リン酸が取れた形のADPやAMPにも反応して吸います。蚊に限らず、吸血性の節足動物はATPなどの核酸が大好きです。実は、蚊には〝胃袋〟が二つあります。中腸と嗉嚢《そのう》です。蚊は、メスもオスも普段は花の蜜などの糖分を摂取して暮らしています。血液は中腸に送り込まれますが、甘い糖質は嗉嚢に入り、一時的に貯蔵されます。この2種類の食べ物の選別にもATPが重要なようです。口吻で吸った食物にATPが多く含まれていれば、蚊はそれを血液と判断し、咽頭ポンプの後にある噴門弁という弁を開けます。すると、血液は自然に中腸に向かいます。一方、糖質が多いときは弁が閉じ、食物は嗉嚢に流れ込みます。このモードの切り替えには、ATPという「味」が鍵になるのです。

蚊はどこで味覚を検知しているのでしょう。口吻の先端、上唇に何組かの感覚子が存在しています。オオカなどの非吸血種には見つからないので、血液の味見のためにあるのかも知れません。口腔ポンプの内側の壁にも感覚子が点在しているので、そこでも味わいながら、たった2分間の早飯芸を完遂すると考えられています。DNAの材料としても使われる、地球上の生物が必ず持ち合わせているATPを、標的が石でも土でもなく、生命体であることの証拠として使うこの小さな虫たちの狡猾《こうかつ》さには舌を巻きます。

血は万能なサプリメントか

『ドラキュラ』で有名なブラム・ストーカーの本に出てくる吸血鬼は、美女の血を自身の糧《かて》にすべく吸います。血を長らく欠いてしまえば、若さを保てないどころか消滅してしまいます。メスの蚊も、同じなのでしょうか。

蚊は、卵を作るために血液を使います。いや、正確には、卵を少しでもたくさん作るために血を必要とすると言ったほうがいいでしょう。1回の産卵サイクルで生み出す卵の数は、ハマダラカでは200個ほど、アカイエカは100～150個です。ネッタイシマカとチカイエカは100個に届きません。

誤解をもたれやすいのですが、これら蚊が産める卵の個数は、昆虫界では決して多いほうではありません。たとえば、同じカ亜目のユスリカは、吸血性ではありませんが（そもそも口吻を持たず、成虫は摂食すらしません）、数百から2000個もの卵を産みます。親戚であるハエ亜目では、キイロショウジョウバエは生涯に300個ほど産みます。蚊では、吸血を基本とした産卵回数は、ほとんどが1回のみで、運良く生き延びてなんとか3回です。血液は、栄養が満ち溢れた秘密のスーパーサプリメント、というわけではなさそうです。

蚊は、血を吸った後に「お小水」をします。厳密な意味での尿ではなく、血から水分を抜き取って、それを体外に排出しています。ハマダラカを例に取ると、たっぷり血を吸った後は家屋内の壁や柱で休みます。これは本当に休んでいるわけではなく、まずは身軽になろうとする計算づくの戦略です。自分の体重が一気に2倍になった状態で飛翔するのは、大変なエネルギーを消費してしまいます。壁に留まっている吸血済みの蚊を見ていると、おしりの先端から、ピンク色のしずくが少しずつ出てくる様子を観察できます。最短で1時間、概ね数時間くらいで水抜きが完了します。

血液は、水を抜いてしまうと、95%がタンパク質、5%が脂質でできた高タンパク質食に化けます。血液タンパク質の約8割は赤血球内にあるヘモグロビンで、日ごろ人間の体内では酸素運搬に活躍している因子が、今度は蚊の餌になります。これらのタンパク質は、メス体内の卵巣にある、濾胞《ろほう》の発育のために使われます。

吸血後、数日が経過すると、タンパク質はアミノ酸に分解されます。蚊の体液中のアミノ酸濃度が高まると、卵の発育開始の合図です。これらアミノ酸群を材料として、卵黄タンパク質前駆体(ビテロジェニンといいます)が作られ、各濾胞に1個ずつ存在する卵細胞に蓄えられます。やがて卵が完成すると、メスの蚊は産卵のために行動を始めます。

しかし血は万能の通貨というわけではなさそうです。そう、血を吸わない蚊の存在です。双翅目のカ亜目とハエ亜目には、どちらにも血を吸う昆虫が含まれています。このことから、吸血と捕食に適応した口吻を持つ、共通の祖先がいたと考えられています。その後、古生代ペルム紀付近でハエと袂《たもと》を分かち、蚊は独自の進化を遂げました。中生代に入ると、ジユラ紀に現在の蚊のプロトタイプになり、白亜紀には各属に分岐しました。つまり、血を吸うムシが先に居て、そこから蚊が出現したという順序です。

しかし、オオカなど決して少なくない蚊の種が、非吸血性であることが知られています。オオカは形態も長さも、ヤブカなど吸血性の蚊と遜色ない口吻を持っています。それらの長い口吻は、主に花の蜜を吸うためだけに使われています。血を使わなくなったためか、産卵数は少なく、数十個程度です。これが意味するのは、一部の蚊は、進化の過程で吸血という行為を放棄したということです。

これに似たことが、私たちの身のまわりでも確認できます。ビルの地下などに生息するチカイエカは、外部形態もそっくりなアカイエカの亜種とされていますが、決定的に異なることがあります。チカイエカは、最初の産卵に血を必要としないのです。これはなかなかに有利な特徴に思われます。

チカイエカの気持ちになって考えてみましょう。都心の古いビルの地下、湧水槽があります。そこで羽化した1匹のメスは、その暗さに驚きます。コンクリート打ちっ放しの壁に囲まれた閉所に、血を吸うための動物など見当たりません。しかし、近くにいたオスととりあえず交配を済ませたそのメスは、自分の体内にいくばくかの卵ができていることに気がつきます。そして数十個の卵を、自分が生まれた湧水槽に浮かべるのです。チカイエカは、都市部に生息するための手段として、無吸血産卵という技を身に付けたのです。

ドラキュラは、血を吸うことで永遠の若さを得ましたが、逆に普通の食べ物を受け付けなくなりました。それはときとして不利に働きます。蚊も、吸血源の動物が周囲にいる環境では粛々と次世代を残せますが、そういう状況ばかりとは限りません。蚊も吸血鬼も、生き抜くのは大変なのです。

痒みのジレンマ

私は講演などを頼まれると、必ず蚊を持って行きます。網かご1個にステフェンシハマダラカを500匹ほど入れて、大きめの保冷バッグで運びます。一般の人であれ研究者であれ、聴衆はその蚊を見ると一様に驚き、そして興味津々です(蚊の研究者としては鼻高々です)。「これらの蚊に一度に吸われたら、さぞかし痒いのでしょうね」。よく聞かれる質問ですが、答えは単純明快。「いいえ、これは北アフリカや中東に棲む蚊ですから、きっと痒くないですよ」。皆さん、その理由が直ぐには思いつかず、拍子抜けの顔をします。

蚊は、血を拝借すると同時に、耐え難い痒みを残して去っていきます。この痒さがあるからこそ、蚊はその悪名高き地位を保っていると言えます。そうでなければ、せいぜい、たまにたかってくるハエと同程度の扱いでしょう。痒みがあるからこそ、血を吸われた事実とのリンクが貼られ、それが憎悪となって犯人の蚊に向けられます。これこそが、蚊媒介性感染症との戦いにおいて大きな一助になります。しかし、現実はそう簡単ではありません。

蚊の吸血による痒みは、花粉症と同様、一種のアレルギー反応の結果です。蚊は、吸血を素早く済ませるために、血液凝固抑制物質など様々な因子を唾液とともに皮下に注入します。私たちの身体は、これらの因子を異物として認識し、過剰な免疫反応を起こします。蚊が差し込んだ口吻の周辺で、局所的な過敏反応が起こります(ぷくっと膨れたアレです)。ただし、私たちが赤ん坊として生まれたときから、すぐにこれが起きるわけではありません。どんな人でも、最初に蚊に刺されたときは無反応です。

私たちの身体が、蚊の唾液を異物として学習し始めると、まずはⅣ型遅延反応というものが起きるようになります。Tリンパ球や貪食《どんしょく》細胞のマクロファージなどが働いて、刺された場所に炎症を引き起こします。その結果、大きく赤く腫れて、痒みも伴いますが、そうなるまでに1～2日ほど掛かるのが特徴です。おかしな表現ですが、〝被吸血の初心者〟と言ってもいいかも知れません。

その後、さらに蚊に刺されることを経験すると、Ⅰ型即時反応に移行します。これは、唾液成分に対するＩｇＥ抗体が作られると起こります。ＩｇＥ抗体が働くと、マスト細胞からヒスタミンやプロスタグランジンが分泌され、急激に痒みが起こります。これはその名の通り、迅速に起こる反応で、蚊が唾液を注入してから痒くなるまで、約3分あれば十分です。日本に住んでいて、エジプトなどに棲息するステフェンシハマダラカに刺されたことのある人は、まずいないでしょう。初体験の蚊なら、Ⅰ型即時反応は起きようがなく、痒くならないのです（種によっては多少の交叉反応はあります）。

動物でも、蚊に刺されると痒いようです。ハツカネズミも、吸血後には痒みを感じ、それは約10分でピークに達します。その後、痒みは1時間もすると消失します。この痒みが、人間と同じように、蚊を避ける行動を引き起こすのは想像に難くありません。ネズミは痒みを感じると、身繕いや尾による払いのけなどの動作を始めます。これは十分有効なようで、ネズミを拘束して逆に動けなくすると、蚊による吸血効率は上がります。

では、もっともっとたくさんの蚊に刺されると、どうなるでしょうか。（私たちにとっては）驚くべきことに、痒みを感じなくなります。無反応に戻るのです。

蚊に何度も繰り返し吸血されると、唾液腺成分に特異的なＩｇＧ抗体が作られるようになります。このＩｇＧ抗体は、ＩｇＥ抗体よりも先に唾液腺タンパク質などに結合するため、アレルギー反応が起きなくなります。この現象を減感作《げんかんさ》、または脱感作《だつかんさ》といいます。一晩で２００回刺されるような、マラリア流行地域の住民は、ほぼ1年中唾液腺成分を注入されています。そのため、常にＩｇＧ抗体が体内に存在するため、いくら蚊に刺されてもあの嫌な痒みは起きないのです。

想像をしてみてください。自分が痒くならない人間だったとき、毎夜の蚊の襲来を気にするでしょうか。戸や障子を閉め、暑さに耐えながら蚊帳に入り、煙さにやられつつも蚊取り線香を焚き、まめに虫除けを塗り直す。その動機付けに、痒みを感じることは大事な役割を果たしてきたのです。しかし、それがへっちゃらになってしまうくらい、蚊が猛威を振るう地域では、人々は知らぬ間に病気のもとを受け入れ、また蚊を増やすために血を分け与えているのです。

◆コラム　寺田寅彦と蚊

明治から昭和初期に活躍した物理学者の寺田寅彦は、科学者であると同時に不世出の文人でもありました。私が学生の頃は、彼の著作をどれだけ読んで知を仕込んだか、それが暗黙の競争のようになっていたことを思い出します。その素は自然科学者である寺田の残した随筆の中に、その観察眼が余すところなく発揮されています。

そのためか、蚊にまつわる話があちこちに出てきます。「鼻の先に止つた蚊をそつとして置きたい」なんて行《くだり》が出てくると、彼の文章の本懐そっちのけで、いやはやあなたも蚊がことさら好きだったのですね、と握手をしたくなります（寺田好きな人なら、彼の鼻も思い出してにやりとするでしょう）。

寺田寅彦の「備忘録」というエッセイ集の中に、「夏」という作品があります。その中で、寺田は「人のいやがる蚊も自分にはあまり苦にならない」と言い切ります。手足を蚊に刺されても、ほぼ無感覚だというのです。彼が中学生の頃、読書にかまかけて両脚を隙間ないくらい蚊に喰われたおかげで、蚊の毒に免疫ができたらしい、と推察しています。この場合の蚊の「毒」は唾液腺タンパク質群、「免疫」というのは特異的ＩｇＧ抗体による減感作効果ですから、ほぼ正解です。

ただ、私のような専門家からすると、少し横槍を入れたくなります。このＩｇＧ抗体は一時的で、しばらく蚊に刺されないでいると、抗体価が落ちてきます。つまり、またＩｇＥ抗体が優勢になって、痒くなるのです。日本では夏にしか蚊に刺されませんから、翌年にはまたいちからやり直しだったはずです。

寺田は同随筆で、「蚊の居ない夏は山葵《わさび》のつかない鯛の刺身のようなもの」と述べています。しかしきっと、毎年の初夏には、痒みに対してやせ我慢をしていたのではないでしょうか。

5 病気の運び屋として

病気を運ぶムシとの出会い

どういうきっかけで蚊の研究を始めたのですか、と老若男女問わずよく聞かれます。ロイコチトゾーンという原虫を媒介するヌカカ(糠蚊)とお名前が似ていますね、とか、「か」の音が氏名の中で3回も出てくるといった揶揄《やゆ》もされます。実際、出入りの業者には伝票に「蚊糠」と印字されたこともあるくらいです。ただ、その問いの背景には、蚊などの節足動物を対象に含む、衛生動物学(英語ではMedical Entomologyと表わします)の研究者コミュニティが衰退の一途を辿っていることにどうも一因がありそうです。私の名前と同様に、その研究者の存在自体が珍しいようです。

私と節足動物との最初の接点は、97年から過ごした大阪大学医学部での大学院時代に遡ります。師事した岡野栄之先生(現・慶應義塾大学医学部長)は、日本でも希な、医師免許を持つキイロショウジョウバエの研究者でした。その岡野先生に勧められ、私はハエをモデル生物として細胞生物学の研究をすることにしました。キイロショウジョウバエの実験をするには、他とは隔離された場所が必要です。当時、私がいた医学部の基礎研究棟には、その最上階に「昆虫研」という名称の部屋が存在していました。この〝ハエ部屋〟の由緒は正しく、阪大医学部遺伝学教室の持ち物でした。この教室の歴史は古く、戦後しばらく西日本の衛生動物学のメッカとして栄えていました。その流れから、医学部が大阪府の中之島から吹田に移転したときに、このハエ部屋も再び作られたようです。

私の大学院時代の数年間は、このハエ部屋とともにありました。夜な夜な、この部屋に寝袋を持ち込んで遺伝子組換えショウジョウバエの作成に精を出していました。卵100個ほどに遺伝子を注入したら、一休み。六つほどの小部屋からなるそのハエ部屋は、結構な広さがありました。昔ながらの大型の滅菌器や、古いハエ餌作成器具が放置してある部屋を巡ると、その一角に、ショウジョウバエよりははるかに大きな、イエバエの様々な系統を飼育している場所がありました。当時もう定年直前だった、遺伝学教室のある先生が細々と飼っていたイエバエ集団です。

なぜ医学部でイエバエの研究をしているのか。そのとき、ふと目に止まったのが、部屋の隅に放置してあった、埃だらけの教科書でした。加納六郎（東京医科歯科大学医動物学教室・初代教授）という先生が書いた、『医動物学』という題の本です。めくると、そこには病原体媒介節足動物ワールドの広さと奥深さが記され、私は一気にのめり込みました。蚊だけでなく、マダニ、シラミ、ノミ、ハエなど、いろんな吸血節足動物が登場します。血を吸わないイエバエやゴキブリなども、病気を拡めていることを知りました。

その前年、1996年に、後にノーベル生理学・医学賞を受賞するジュール・ホフマンらがToll受容体と自然免疫の関係を初めて見出し、ショウジョウバエ遺伝学が猛烈な勢いで感染症研究と融合していた時期でした。しかしなによりも、牛乳瓶を再利用した飼育ビンの中でイエバエが歩きまわる様子が、なんとなしに私の科学嗅覚を刺激したのでした。そして米国留学を機に、スタンフォード大学でマラリア媒介蚊の研究を始めることになります。今でもときどき、あの薄暗い、医学部に似つかわしくないハエ部屋を思い出して、自分の研究指向を再確認しています。

病原体が蚊の中にいる!

イエバエを見つめてから約10年後、私たちは、沖縄で捕虫網を振っていました。

私の研究室では、蚊の中にいる病原体を、簡単かつ高い感度で検出しようという研究をずっと続けています。このときのターゲットは、糸状虫。ヤブカなどによって媒介される線虫で、人や動物にフィラリア症をもたらします(19ページのコラム参照)。日本では、犬にまつわる感染症(犬フィラリア症)としての知名度のほうが高いでしょう。犬糸状虫の成虫が、犬の肺動脈や心臓に寄生するため、血液循環障害を起こして様々な症状が現われます。慢性感染から重症化すると、死に至ります。

ワンちゃんをペットとして飼っている家庭では、蚊が出始める6月から晩秋まで、獣医さんからイベルメクチンという薬を処方されていることが多いはずです。このイベルメクチン、広く寄生性線虫に対して高い致死性効果を持ち、ブユ媒介性のオンコセルカ症などの病気の特効薬として世界中で使われています。その薬の開発に貢献した業績で、2015年に大村智先生(北里大学名誉教授)がノーベル生理学・医学賞を受賞しています。日本ではこの犬フィラリア症が依然として蔓延しています。この病気がないとされていた札幌や旭川でも、ここ最近は決して珍しい病気ではなくなりました。つまり、私たちの身のまわりの蚊は、ときににょろにょろ動く寄生虫をお腹に隠しながら飛んでいることになります。

沖縄の名護市で蚊を集め、研究室に持ち帰りました。ヒトスジシマカが一番多く、次いでオオクロヤブカ(*Armigeres subalbatus*)が約3分の1。両者とも犬糸状虫を媒介することが知られています。蚊をすり潰して抽出したDNAを材料にします。この中には、きっと犬糸状虫のDNAも含まれているはずです。犬糸状虫の遺伝子に狙いを定め、等温遺伝子増幅法(検体を60℃くらいの一定温度で温めることで遺伝子を検出する特殊な方法)というやり方で調べます。その結果、約14%のヒトスジシマカ、約2%のオオクロヤブカが犬糸状虫を持っていることが分かりました。私たちは、これはちょっとおかしいぞ、と気がつきます。〝にょろにょろ虫〟を持った蚊の割合が予想よりも随分と多いのです。

地図を広げて、CDCトラップ（光と二酸化炭素を組み合わせて蚊を誘引し、小型ファンで吸引して捕らえる仕掛け）を設置した場所を確認しました。どうやら、犬糸状虫を持った蚊はすべて、あるお宅の軒先に吊したトラップによって集められたものと判明しました。訝《いぶか》しみながらその場所で撮影した写真をみんなで確認したところ、誰ともなく「あっ」と声をあげました。庭に犬小屋があり、そこに1匹のレトリバー系の雑種らしきワンちゃんが写っていたのです。慌てて、沖縄での蚊採集に協力してくれた獣医さんに連絡し、その犬の採血をお願いしました。結果は予想通り、糸状虫のミクロフィラリアが、可哀相な犬の血の中でうようよと泳いでいました。

血とともに蚊の体内に侵入したミクロフィラリアは、蚊の中腸を通り過ぎ、マルピーギ管という器官に辿り着きます。そこで2回脱皮し、3齢幼虫になります。この幼虫は、蚊の身体の中を間違えずに移動し、口吻のパーツである下唇に入り込みます（24ページ図参照）。この時期になりますと、幼虫の全長は1〜2ミリメートルにもなります。病原体1個を、人間の眼で見ることができるというのはいささか奇妙な気分ですが、この線虫はたった1匹で確かに宿主に病気を引き起こすのです。

蚊の中に病気の源《もと》がいる、という医学史上極めて重要な事項に最初に気がついたのは、マラリアを研究していたロナルド・ロスではありません。スコットランド出身の医師、パトリック・マンソンでした。彼はロスの重要な研究指導者でもありました。マンソンは、象皮症の患者の血液中に多数のミクロフィラリアを発見し、この病気が糸状虫によるものと明らかにしました。しかし、すぐに彼は不思議に思います。数字が合わないのです。幼虫であるミクロフィラリアは、成長して成虫になります。患者の体内には、およそ500万匹のミクロフィラリア、一方、長さ30センチメートル近くにもなる成虫は1匹当たり100ミリグラム。全部が成虫になったと仮定して計算すると、糸状虫だけで500キログラムもの重さになってしまいます。

そこでマンソンは、ミクロフィラリアは「一度、身体の外に出て行って、また戻ってくるのだ」と考えました。私は毎年、医学生の講義でこの発想に〝マンソン・ロジック〟と名付けて教えています。それくらい突拍子なく、そしてその予想は正解でした。血の中にいる病原体なら、蚊が一緒に吸い込むに違いないと考えた彼は、蚊を解剖して糸状虫が成長する様子を見出すのです。それに続くロスの大発見は、マンソンがいなければ間違いなく成し得なかったものでした。

蚊を隠れ蓑にする

私は実験科学者なので、自分の手を動かして自分の目で確認するのが大好きです。蚊の体内にいる、マラリア原虫の姿を生きたまま見たくて、こんな実験をしたことがあります。マラリア原虫が吸血で蚊の身体に入ってしまうと、ピンセットで蚊を解剖などしない限り、その形を見つけ出すことは不可能です。そこで、緑色蛍光タンパク質であるGFPを使うことにしました。このGFPを作るオワンクラゲの遺伝子を、DNAの中に組み込んだ便利なマラリア原虫を使って、その原虫が感染した血液をステフェンシハマダラカに吸わせました。1週間ほどしてから、蚊を麻酔して、特殊な実体顕微鏡を覗くと、「わわわわっ」。蚊のお腹がエメラルドグリーンで輝いていました。よく見ると、丸い構造物が外からでも分かります。これがマラリア原虫のオーシスト（接合子嚢《のう》）という形態で、それが無数に固まっている様子が見え、私は大興奮。しかし、この状態の蚊が実際に空を飛んでいる国々を思うと、喜んでばかりもいられません。

途上国でのマラリア禍の深刻さを語る上で頭が痛いのは、マラリア流行の正確な情報がないという点です。世界のマラリアによる死亡者数は確かに減少の一途を辿っていますが、それは推定値でしかありません。理由は単純明快、世界の隅々まで数字を拾えない、、、のです。電気も水道もない集落で、ひっそりと悲しみのうちに亡くなっていくマラリアの幼子のことを、国の情報収集網にリンクさせることは至難の業なのです。

そこで、蚊を以《もっ》て感染症リスク評価のひとつの指標とする動きがあります。蚊を、うつろう世の鏡《かがみ》とするわけです。西アフリカでは、マラリアを発症しうる蚊の吸血回数は、都市部では1年間に約10回という値です。好きなだけ蚊に刺されたら、1ヶ月に1〜2回マラリアに罹ることを意味します。しかし、ハマダラカの多い村落では、それが200回に跳ね上がります。

その裏付けを取るために、ブルキナファソで集めたハマダラカを使って、ワガドゥグの研究所で実験をしました。悪性度の高いマラリアの原因となるマラリア原虫は、蚊の唾液腺の中で次の吸血待ちをしているときに、CSというタンパク質を出すようになります。つまり、このCSを目印にすれば、マラリアを媒介する危険性のある蚊を判定することができます。蚊をすり潰した溶液に、もしもそこにCSが存在したら溶液が黄色になるような仕掛けをして、試薬を混ぜます。96穴のプラスチック容器のそれぞれの穴ひとつに、蚊1匹分の検体を入れてしばらく待つと、あちこちの溶液が黄色になってきました。その数、20個以上。私は、首筋が寒くなった思いでした。

一般的なマラリアの流行を支えるのに、蚊はあまり頑張る必要がないことが分かっています。集団で考えたとき、そこに棲息する蚊のうち、約1％の個体がマラリア原虫を持っていれば、マラリア患者は発生し続けます。しかし私たちが西アフリカで調べた結果は、2〜3割の蚊が〝注射筒に充塡済み〟というものでした。このような感染症流行地域を、専門用語で濃厚浸淫地と呼びますが、その字面《じづら》のイメージ以上に蚊の暴走は深刻です。

反対に、蚊から病原体を見つけるのが大変なこともあります。

日本脳炎ウイルスは、ブタに感染するものですが、コガタアカイエカが人間へも媒介します。毎年10人前後の患者が発生しています。日本の研究グループが、日本各地の動物病院にかかった犬を対象におこなった調査から、約25%の犬が日本脳炎ウイルスの抗体を持っていることが分かりました。人間とともに暮らす飼い犬が、過去に蚊に刺されて、このウイルスに暴露されたことを意味します。そもそも、日本各地の養豚場で飼育されているブタは、その8~9割が日本脳炎ウイルス抗体陽性であることも珍しくありません。日本脳炎ウイルスに感染しても、発症する人間は約300人に1人とされているので、患者がひとり見つかれば、その100倍以上の人が水面下で感染していることになります。日本はいまだに日本脳炎の大流行地域であり、感染のリスクは十分にあると考えるべきです。

しかし、蚊からウイルスがなかなか見つかりません。1161匹ものコガタアカイエカを調べて1匹だけ陽性だったと推定された、西日本での調査結果もあります。養豚場のすぐ近くで捕まえた蚊では、よくウイルスが検出されますが、そこから少し離れてしまうと、もはや他の大多数の蚊に埋もれてしまうのです。仕方がないので、蚊を50~100匹をひとつのプールとして、まとめてすり潰し、ひとつの検体とする方法が主流となっています。多数の蚊をさばける利点はありますが、翻ってウイルスの検出感度は低下します。患者は、自分の足で病院に行き、症状を訴え出てくれます。しかし蚊は「私はウイルスを持っています」と自己申告はしてくれません。デング熱が流行しているのに、蚊はその証拠を出さない、というジレンマを感じる状態が、世界のあちこちで見受けられます。

蚊が病気にならないのは

私は30歳の誕生日をスタンフォード大学で迎えました。医学部のある研究室で、研究員として働いていました。サンフランシスコから南に1時間、温暖な素晴らしい気候の中、世界屈指の名門大学で研究生活をしていると言えば聞こえがいいですが、当時の私はニワトリと格闘していました。薄暗い地下の動物飼育室で、有精卵からヒヨコ、そして若鶏を育てるのが私の日課です。

鳥に感染するマラリア原虫を研究材料にしていたのです。感染ニワトリから採血し(暴れるので、腕はいつも引っ掻き傷ばかりでした)、そこからマラリア原虫を集めます。それらを、キイロショウジョウバエに感染させます。このハエは、蚊の〝代用品〟です。ハエは血を吸いませんので、微小なガラス管で作った針を腹部に刺して、マラリア原虫を注射します。そうすると、そこそこの数のマラリア原虫が、ハエの体内で育つのです。

私は1年間この実験を繰り返し、キイロショウジョウバエのある変異体が普通よりもたくさんのマラリア原虫を育てることに気がつきました。このハエでは、*Furrowed*という遺伝子が働かなくなっていることが分かり、その結果C型レクチンというタンパク質の一種が足りなくなっていました。どうやらこのC型レクチンは、マラリア原虫を相手に戦う、昆虫側の武器のようです。私がその実験に明け暮れていた頃、ちょうど欧州の研究グループも、ガンビエハマダラカでTEP1というオプソニン様因子が抗マラリア原虫作用を持っていることを発見しました。蚊は、病原体に軒先を貸しているだけではなく、母屋は乗っ取られないように、きちんと防御応答をしているのです。

蚊などの節足動物の免疫システムの大きな特徴は、自然免疫系のみを持ち、獲得免疫系を持たないという点にあります。脊椎動物は、生まれつき備わっている自然免疫系に加えて、多様な抗体産生を介した獲得免疫系も動員して感染を防御しますが、節足動物は限られたパターン認識受容体(後述)による自然免疫反応を基軸にせざるを得ません。蚊の体内に吸血とともにやってくるウイルスや寄生虫に対して、一見すると原始的な免疫システムしか持たない蚊は、どのように対抗しているのでしょうか。

ひとつは、物理的な組織バリアです。これはお城における〝城壁〟に相当します。蚊は、堅いクチクラによって体表を覆われているとともに、口器からつながる消化管が肛門へと貫通しています。この腸管の細胞も、外界と接する壁の役割を果たします。病原体が、蚊への感染を成立させる上でのひとつのボトルネックは、中腸上皮細胞の通過です(突破と言ったほうが的確かも知れません)。

中腸上皮は、一層に並んだ上皮細胞により構成されています。体液で充満された体腔と、腸内微生物叢や消化酵素が存在する中腸内部環境とを隔離する壁として、大切な働きをしています。中腸には、膜の折り畳みによる複雑に入り組んだ構造が見られます。この構造には体液が充塡されているため、体液中に含まれるエフェクター分子（後述）により、免疫応答が盛んに起こっていると考えられています。そのおかげか、中腸に入り込んだマラリア原虫のうち、およそ80％は中腸上皮細胞を通過することができずに死んでしまいます。

蚊の武器もいろいろ

節足動物が持つユニークな自然免疫応答のひとつとして、メラニン化が知られています。蚊体内に病原体が侵入したことをきっかけとして、メラニン色素が産生され、侵入者の体表面にメラニン色素を沈着・蓄積することにより排除するものです。不溶性のメラニン色素が大量に付着すると、マラリア原虫は、栄養分の摂取阻害や呼吸阻害などの複合的なダメージなどを受け、死んでしまいます。マラリアを媒介するガンビエハマダラカですが、マラリア原虫をまったく受け付けない、強い抵抗性を持ったL35という系統が見つかっています。この蚊は、熱帯熱マラリア原虫をはじめとした様々なマラリア原虫のオーキネート（虫様体）に対してメラニン化を誘導して、オーシストへの成長を阻害します。しかし、マラリア原虫も負けてはいません。２０１３年に、米国の研究グループは、熱帯熱マラリア原虫がＰｆｓ47という遺伝子を持つと、この蚊によるメラニン化をほぼ完璧に抑制してしまうことを明らかにしました。病原体も、ただでは負けないのです。

抗菌ペプチドは、哺乳類、植物、昆虫などあらゆる多細胞生物が持つ生体防御のための物質です。抗菌ペプチドの合成・分泌は、昆虫に不可欠な体液性の防御応答のコアになっています。その名の通り、真菌・細菌を攻撃するためのものがほとんどで、突然変異の起こりにくい菌の細胞膜を作用点としています。抗菌ペプチドの種類によっては、真核生物である原虫などに効くことがあるようです。

蚊の抗菌ペプチドは、蚊体内の脂肪体や中腸上皮細胞などで合成され、体液中に分泌されます。ハマダラカは、抗菌ペプチドとして、セクロピン4種、ディフェンシン4種、アタシンとガンビシンを1種ずつ持っています。これらの抗菌ペプチドが相乗的に作用することにより、幅広い抗微生物スペクトラムを発揮していると考えられています。セクロピンとディフェンシンは、マラリア原虫が蚊体内に入り込むと、それに応答して作られます。ガンビシンは、齧歯《げっし》類マラリア原虫を殺してしまう効果が認められています。守備側の蚊も、攻撃側のマラリア原虫も、細胞レベルでは同じ真核生物です。まるで癌細胞と正常細胞の攻防のようにも見えてきますが、アミノ酸が連なった小さなペプチドが敵味方を区別しているのはたいへん不思議です。

貪食《どんしょく》細胞は、蚊の中で勤勉に働くセンチネル(歩哨)です。貪食は、感染応答の中でも特に迅速に起動される細胞性の免疫システムで、節足動物から哺乳類まで幅広く保存されています。病原体や死んだ細胞は、パターン認識受容体により異物と認識されると、専門の細胞(マクロファージなど)の内部に取り込まれ、分解されます。蚊では、体液中に浮かんで全身を循環している血球が、貪食の任を担っています。たとえば、体液中に放出されたマラリア原虫のスポロゾイト(種虫)が、唾液腺を目指してせっせと泳いでいるときに血球に発見されると、容赦なく食べられてしまいます(血球細胞の中はマラリア原虫の残骸でいっぱいになります)。ただ、常時監視に参加している血球の数は、数百個くらいしかなく、1万匹は下らないマラリア原虫のスポロゾイトを完全に排除することは困難でしょう。貪食作用は、蚊の感染防御においてあくまで部分的な貢献に留まると考えられています。

異物認識とエフェクター分子

ウイルスや寄生虫が蚊の体内に侵入したときに、蚊はどうやってこれらの輩《やから》を無法者と判断し、どのように警報《アラート》を出すのでしょうか。ここで活躍するのが、異物を見分けるパターン認識受容体と、そこからの信号伝達経路です。哺乳類やショウジョウバエにも類似のものが存在する、Ｔｏｌｌ経路、ＩＭＤ経路、およびＪＡＫ／ＳＴＡＴ経路が、それぞれ独自の働きを果たします(名前の由来は、それぞれの経路で中心として働く遺伝子の名称です)。

Ｔｏｌｌ経路とＩＭＤ経路の信号は、蚊の細胞の外にいるウイルスなどの病原体が、ペプチドグリカン認識タンパク質(ＰＧＲＰ)という因子によって認識されることから始まります。これにより、自己ではなく何か見知らぬものが目の前にいる、ということを知るのです。

この「認識した」という情報が、細胞の内側に伝えられます。それによって特異的な転写因子が俄然やる気を出し、ＤＮＡに結合することで、各種エフェクター分子（病原体の活動に影響を及ぼす分子）が猛烈な勢いで作られ始めます。ＪＡＫ／ＳＴＡＴ経路は異物認識を直接はしませんが、リン酸化酵素であるＪＡＫと転写因子ＳＴＡＴが同様にエフェクター分子の産生を促します。これらの経路によって作られたエフェクター分子たちが、その豊富な品揃えによって感染防御の実行役になります。抗菌ペプチド群は、それらエフェクター分子の大黒柱です。

他にも様々なエフェクター分子が存在しています。ＴＥＰ１とＬＲＩＭ１というタンパク質のコンビにより、メラニン化やマラリア原虫そのものの溶解を誘導し、中腸内で発育しようとするマラリア原虫が排除されます。無脊椎動物である蚊も、Ｄｓｃａｍという免疫グロブリン様タンパク質を持っています。ひとつのＤＮＡから多種多様なＲＮＡが生み出されることによって（スプライシング多様性といいます）、病原体の異物としてのパターンを効率的に認識し、再感染防御に働いている可能性が指摘されています。

ウイルスに特化した、エフェクターの仕組みがあります。それは、ＲＮＡ干渉というものです。ＲＮＡ干渉は、配列特異的な遺伝子サイレンシング機構であり、二本鎖ＲＮＡの存在によって、ＲＩＳＣというＲＮＡ分解のための複合体が誘導されます。遺伝子サイレンシングとはエピジェネティックな遺伝子制御のひとつです。簡単に言うと、二本鎖ＲＮＡがあれば壊されてしまうのです。黄熱ウイルスやデングウイルスなど、蚊媒介性のものはＲＮＡウイルスであることが一般的です。これらのウイルスは、細胞の中で増殖する際に、RNAが部分的に二本鎖になることがあります。その結果、蚊側のRNA干渉が働いて、ウイルスを作るためのRNAが分解されてしまいます。

蚊の中腸は、様々な病原体が必ず最初に集う場所です。そこには、蚊の腸内に棲み着いていた先住人たちがいます。それが、真菌や細菌などの腸内微生物叢です。蚊にあらかじめ抗生物質を飲ませて、腸内を綺麗さっぱり、無菌に近い状態にします。そうすると、感染するマラリア原虫の数が数倍に増えます。菌と原虫は、どうも仲が悪いようです。2011年に、米国の研究グループは、ガンビエハマダラカ腸内にエンテロバクター属菌を導入し、それらの菌が生成する活性酸素種がマラリア原虫の増殖を抑えていることを明らかにしました。私たちの研究室とイギリスのグループはそれぞれ、セラチア属菌が蚊の中腸で抗マラリア原虫作用を発揮することを見出しています。

病原体を持つことは益か損か

蚊が、血液とともに上がり込んだ無礼な病原体に対して、きちんと闘っていることが分かりました。しかし、ここで疑問がひとつ生じます。蚊は、なぜ病原体を完全に追い出さないのでしょうか。今この瞬間にも、蚊はマラリア原虫やデングウイルスを人間に媒介していることを思えば、蚊の防御応答など何も意味を成さないではないかと抗議したくなります。それどころか、蚊と病原体の間には、何か〝密約〟が存在する可能性すら疑います。

私の研究室で、ある実験をしました。FHVというウイルスは、昆虫にも植物にも広く感染します。このウイルスを、ネッタイシマカとキイロショウジョウバエそれぞれの体内に注射しました。ショウジョウバエは、血を吸わない、非媒介組の代表選手としての登場です。数日間は両方の昆虫ともにぴんぴんしていますが、5日目あたりからショウジョウバエが死に始めました。10日経つとほぼ全滅してしまいましたが、驚くことにネッタイシマカの生存には影響がありませんでした。体内で増えたウイルス量を調べてみると、ネッタイシマカではハエの約1万分の1。ただ、何らかの生体防御はおこなわれているようですが、やはり蚊からウイルスは駆逐されていません。そこに病原体が依然として居るのです。

ハマダラカがマラリア原虫に感染すると、寿命が短くなり、また産卵する卵の数も減少します。2007年に、米国の研究者らがある実験をしました。彼らは、遺伝子組換え技術により、マラリア原虫が体内で増えづらくなったガンビエハマダラカを作ることに成功していました。このハマダラカにマラリア原虫を感染させたところ、同じように感染した普通の蚊よりも、長生きしてたくさんの卵を産みました。一見、何の変哲もない結果に見えますが、蚊が病原体に対して積極的に防御応答をすることが、少しでも多くの子孫を残すことに有利に働く(適応度が上昇する)ことを示しています。このことだけを見れば、病原体を持つことは蚊にとって損になります。

それでは、なぜ病原体を徹底的に叩いて、ゼロにしないのでしょう。これには、今のところ二つの説が考えられています。

ひとつは、蚊が防御反応そのものに掛かるコストを気にしている、というものです。いかなる生物も、免疫応答などの生体防御システムを働かせるのに、それなりの代償(トレードオフ)を払います。私たち人間が、風邪を引いたときに発熱をしてうんうん苦しむのは、ウイルスに対する抵抗の証しです。その代わり、身体がだるくなる、体力が低下するなどの症状も呈します。エネルギーを消費してしまうのです。昆虫においても同様で、生体防御の度合いと、寿命の長さや産卵数は、明らかな負の相関を示すことが分かっています。

もうひとつは、病原体の存在が、蚊の標的認識をスムーズにさせるというものです。蚊に乗り込んだ病原体は、是が非でも蚊に次の吸血を達成してもらわないと困ります。蚊の寿命がついえると同時に、自分もあの世行きだからです。その前に、蚊の口吻を通り抜けて脱出し、新しい宿主に感染しなければなりません。少なくない数の研究が、マラリア原虫を持った蚊はより人間に引き付けられやすいことを報告しています。

興味深いことに、マラリア原虫の侵入初期には、蚊はどちらかというと人間に興味を失っています。そして、マラリア原虫が唾液腺に入り込んで準備完了になると、蚊が吸血嗜好性を一気に高めるのです。蚊は、血さえ吸えれば繁栄できますから、病原体のみならず蚊自身にもメリットがある、魅力的な仕組みです。

自然界における蚊の集団において、病原体を持った個体の割合はせいぜい1%程度です。種の維持という至上命題からすれば、天敵など生息環境からの様々な圧力に比して、マラリア原虫などの病原体は取るに足らないのかも知れません。生命体同士の緩やかな共存が、人間の生活に大きな影響を与えていることは、どこか皮肉にも思えます。

◆コラム　蚊の役割の最終証明

「これはネズミマラリア原虫ですから、人間には感染しません」。感染症研究をやっている都合上、必要に迫られてこのような表現をよく使いますが、話しながらも自分の頭の中にはクエスチョンマークが渦巻いています。ある病原体が〝人間に感染しない〟と結論づけるためには、人間を直接使った感染実験をしないといけないはずです。そんな実験は可能でしょうか。

マラリアはその研究の歴史が長いがために、私たち研究者はこのようなことに頻繁にぶつかります。極めて重要な前提となっている過去の報告が、たとえば1910年代の大変古い文献だったり、それ以降誰も報告をしていなかったり。あげくには例数が「n＝1」

つまり、事例は1件しかないというケースすらあります。しかし、考えようによってはそれは自分の知的好奇心が掻き立てられる、大きなチャンスかも知れません。

教科書に当たり前に載っているような内容でも、意外にも曖昧なままにされている現象がたくさんあります。実は、ロナルド・ロスの「マラリア原虫は蚊によって媒介される」という結論の証明は、不完全なままでした。２００6年になって初めて、特殊な顕微鏡を使って「蚊の吸血時にマラリア原虫のスポロゾイトが動物体内に入っていく様子」がキャッチされたのです。もちろん、蚊の口器を切断する実験で限りなく真実には近づいていましたが、病原体の侵入の瞬間は誰も見たことがなかったのです。ロスも、まさか１００年以上も経ったあとに自分の主張が最終的に証明されるとは思ってもみなかったでしょう。

6 蚊との戦いか、共存か

見敵必殺

ロナルド・ロスらが蚊によって媒介される感染症の概念の提示とその実証を果たして以降、100年以上に渡って、私たちは蚊との全面戦争を続けています。蚊を飛行機に例えると、病原体は爆弾に相当します。日本も、決して非武装地帯などではないということは、日本脳炎やデング熱の事例を思い出しても明らかでしょう。蚊媒介性疾患という敵を制圧するには、単純に2種類の戦略が採用されます。

ひとつは、病原体そのものを標的とするものです。迅速かつ簡便な診断法、切れ味のいい治療薬、長期間効果が持続するワクチンなどの開発とその実装です。これは、世の中のすべての感染症に当てはめることができるやり方です。蚊が介在するにしろしないにしろ、ヒト—ヒト間で流行する感染症であれば、〝見つけて（診断して）は叩く（投薬する）〟を徹底的に繰り返すことで壊滅させることができます。日本では、糸状虫によるフィラリア症を、塩酸ジエチルカルバマジンという特効薬でまさに駆逐しました。戦後の集団投薬に始まり、患者が発見されたら投薬する、全国で展開された組織的な仕組みのおかげで、日本では土着フィラリア症は１９７０年に根絶されました。ワクチンの存在は、病原体にとって悪夢でしかないでしょう。侵入する前から、特異的な抗体が宿主体内で待ち伏せ《アンブッシュ》しているわけですから、大方の病原体はお手上げです。多くのブタが日本脳炎ウイルスの保有宿主になっているにもかかわらず、本邦で日本脳炎の発症者数が抑えられているのは、ワクチン接種のおかげであることは言うまでもありません。

ただし、この日本の二つの例は、他のケースの模範になるどころか、ある意味〝異質な〟成功例としてみなされています。なぜ、同じようなことが、治療薬が存在するマラリアや、ワクチン接種でほぼ終生免疫が付与される黄熱などでは成し得ないのでしょう。経済力は言わずもがな、公衆衛生や教育システム、国や地域特有の社会構造、政治と行政、慣習や風習など、極めて多様な要素が複雑に絡んでいることは想像に難くありません。資金だけで解決できるほど容易ではないことが、従来指摘されています。たとえば、マラリアを制圧するためには、年間たった７００億円を注ぎ込んで蚊帳を配布することで、10年足らずで達成可能という試算があります。私がナイジェリアのクリニックを訪問したときには、患者が払うマラリア治療薬の費用はゼロだったように、世界保健機関（ＷＨＯ）を始めとする様々な国際機関が資金を調達し、薬やワクチンが届くようなシステムを構築しています。それでも、

2015年の1年間だけで、アフリカ大陸を中心に約40万人がマラリアで命を落としています。しかし、途上国特有の問題かと思いきや、米国でも西ナイルウイルスが蚊の吸血により未だ運ばれ、毎年死者が出続けています。

病原体そのものとの戦いがそれほどうまくいっていない、それを説明するひとつの切り口はこうです。感染症の「制御」という言葉は、すなわち人的介入を意味しています。その介入の担い手は、ざっくり二つに分けることができます。病原体に感染するリスクがある人々と、それ以外の人々（行政や医療・保健衛生関係者など）です。率直に言ってしまえば、前者に相当する患者もしくはその予備軍の人たちは、自分の意志に依《よ》って行動するところに問題の根幹があります。クスリがあっても、それを処方される場所まで向かうのは、そして錠剤をしこたま渡されても、それを正しく決められた日時に飲むのは、彼ら自身なのです。自らの身体に介入されることを拒んだマラリア患者が独り居れば、それは200人の新たな感染者を生み出すことになります。

クリス・カーティスの戦い

そこで、蚊に狙いを定める戦略が出てきます。

ロスの時代には、マラリアに対するキニーネ（まだ当時はキナの樹皮から抽出していました）以外に、蚊媒介性感染症の治療薬はありませんでした。よって感染症の伝播サイクルを断ち切るために、蚊に注目したのは当然のことでしょう。蚊帳など一部のものを除けば、蚊に対する人的介入は、蚊に囲まれている住民ではなく、行使する側の強い意志によって推し進められることも大きな利点でした。

クリス・カーティスは、１９３８年イギリス生まれで、ロンドン大学衛生熱帯医学校の教授であるとともに、生粋の衛生動物学者として長らく蚊を愛し、そして蚊を打ち倒してきた人物です。彼は幾多の成功と失敗を経験してきましたが、彼の研究とそこから生まれる実用的な成果は、常に蚊への介入を直球で、かつ効率よくおこなえるように仕立てられていました。彼は、人間を信じず、蚊を信じていました。

最も有名な成功例は、彼のタンザニアでの仕事です。この地域では、フィラリア症の原因となる糸状虫や、西ナイルウイルス、日本脳炎ウイルスを媒介するイエカ種が大きな問題になっていました。その頃、殺虫剤であるＤＤＴ（ジクロロジフェニルトリクロロエタン）が、蚊戦線における重要な武器として既に登場していました。このＤＤＴこそ、住民に頼らない感染症制御の先頭に立つものでした。家屋の内側の壁に散布するだけでいいのです。

蚊は、このＤＤＴに脚先が触れただけで薬が体内に入り、死んでしまいます。さらに素晴らしいことに（蚊にとっては最悪ですが）、高い残留性のため、この壁に塗ったＤＤＴの効果は半年以上も続くのです。最もてきめんなのは、マラリアを伝播するハマダラカです。ハマダラカは吸血後に家畜小屋や家の壁で休息する習性があるためで、ＤＤＴで一網打尽です。しかし、そういった習性のない、吸血が済んだらさっさとお暇《いとま》するイエカたちをやっつけるには、ＤＤＴは今ひとつでした。

途上国でのイエカの繁殖場所は、もっぱらトイレです。アジアやアフリカを問わず、それまで小川や茂みだった排泄場所が、衛生環境改善の策としてトイレ（ピット・ラトリンといいます）に替わりました。といっても、簡単なものは地面に穴を掘っただけで、まさに〝ぼっとん便所〟。しかもいっぱいに溜まっても汲み出すわけではなく、別の場所に新しいものを作ります。よって、蚊にとっては最高のボウフラ繁殖場所になるのです。カーティスは、このような地で、ある観察の（非公式の）世界記録を作っています。それは、「１ヶ所のトイレから、一晩で２００００匹以上のイエカのメスが羽化した」というものです。千ではありません、万の単位です。

カーティスは考えました。彼は、ポリスチレンビーズを使うことを思いつきます。このビーズ、発泡スチロールを粉々にしたものと言ったほうが分かりやすいでしょうか。たくさんのビーズを、し尿が溜まっているトイレに投入しました。水より軽いビーズは、し尿の水面に集まって層を作ります。そうすると、お尻の先端に開いている呼吸管で息をしているイエカの幼虫は、ビーズに邪魔されて酸素交換ができず、死滅してしまいました。この方法が見事なのは、ポリスチレンビーズが劣化や破損しづらいこと、人間の排泄をなんら邪魔しないこと、安価であること、そして何よりも住民の手に頼らなくていいところでした。事実、彼は、「あるトイレに1回ビーズを投入しただけで、7年もの間、そこでの蚊の発生を抑制し続けた」というもうひとつの偉大な記録を作っています。

時代を先取った先見性

農業害虫など、人間にとって不利益な昆虫を根絶するために、不妊昆虫を利用するという方法があります。

多くの昆虫のメスは、生涯に1回しか意味のある交配をしません。オスの精子を一度受け入れると、それらを受精嚢に貯め、一生使い続けるからです。この性質を逆手に取って、使い物にならないダメな精子を送り込んでしまえば、次世代を作ることを邪魔することが可能になります。昆虫のオスに放射線等を浴びせると、あちこちの遺伝子に突然変異が起きます。このオスを野外に放ち、野生のメスと交配させると、その突然変異の影響でメスは子どもを生めない、という仕掛けです。この不妊オスを使うことで、過去には米国のラセンウジバエや沖縄のウリミバエなどの根絶に成功しています。

カーティスは、イエカやヤブカにおける染色体の転座に注目します。彼は、遺伝情報を含む染色体の一部がちぎれて、他の染色体と結合した蚊の系統を作り出しました。この蚊のオスと交配した正常な染色体のメスは、自身が子どもを生めないか、もしくは次世代の個体が不妊になることが分かりました。つまり、このオスを野外に放てば、不妊昆虫と同じ役割を果たすことになります。しかし不妊昆虫の欠点は、野外の個体群に見合う、膨大な数の不妊オスを準備しないといけないことでした。

放射線照射した不妊オスは、一回切りの使い捨てです。しかし、カーティスの染色体転座の蚊の系統は、同じオスとメス同士なら、子どもも作れます。この性質を利用すれば、蚊を駆逐するのではなく「自然界に存在する蚊の集団を、自分の好みの蚊で置き換えることが可能ではないか」と彼は考えました。1970年前後のことです。理論生物学者の顔も持つカーティスは、数理モデルで集団の〝総取っ替え〟が可能なことを予想し、蚊を使った閉鎖飼育空間での実験でそれを実証しました。正確には、置き換えるのは蚊が持つ遺伝子群であり、カーティスの好みとは、病原体を運ばない性質のことを指します。

吸血を生業とする蚊は、マラリア原虫やデングウイルスなどからみれば最大の味方です。しかし、そこにこそ、これらが引き起こす感染症制圧への糸口が存在します。それは、病原体の非媒介蚊という概念です。マラリア原虫などの病原体は、その生活環を蚊と人間などの動物との間で完結させている、完全な寄生性生物です。もし、蚊の中で原虫やウイルスが発育できない環境を人の手で作り上げたら、この生活環を丸ごと断ち切ることができるはずです。たとえば、マラリア原虫の生育に影響を与える蚊のエフェクター分子が、過剰に活性化されているような蚊を作り出します。その蚊が、アフリカや東南アジアなどのマラリア流行地域において優占種となれば、マラリア原虫が感染者の血から蚊の中へ入り込んでも死滅してしまうでしょう。蚊が感染者を吸えば吸うほどマラリア原虫が袋だたきに遭い、新たな患者の発生確率がどんどん低くなるという、夢のような話です。

カーティスによる病原体非媒介蚊のアイデアは、1991年に世界的戦略プログラムのひとつとなって具体化しました。WHOなどにより、次のような進め方が提案されました。まず、(1)蚊における遺伝子操作技術(トランスジェニックなどの組換え個体作出など)を確立します。次に(2)蚊の体内で病原体の増殖・分化を抑制するような効果を持つ因子を同定します。そして(3)自然界においてこれらの蚊を優占種として置換・固定する方法を開発するというものです。

これらを組み合わせることで、カーティスの蚊を現実のものにするのです。この戦略の提唱から20年以上が経ちましたが、2016年になってほぼすべての段階が達成されています。病原体非媒介蚊の成否の行方について、今後数年で新たな時代に突入することは間違いないでしょう。残念ながら、カーティスはそれを見ることなく2008年にこの世を去っていますが、草葉の陰で、今でも蚊のチカラを信じていることでしょう。

古くて新しい武器

人類と蚊との戦史は、「ロナルド・ロス以前」と「それ以降」に分けることができます。単なる不快害虫であることと、感染症の媒体者であることとの明確な線引きができていなかった19世紀までは、蚊の危険性は一般に認識されていませんでした。江戸時代、たかだか数世代前の私たちの先祖は、煙でいぶす、うちわで扇ぐ、蚊帳に入るなどの牧歌的な方法で蚊を避けるのが関の山でした。蚊が短い夏に大量発生する、北方在住のアイヌは、細長い草であるスゲや樹皮を脚に巻いて蚊を防いでいたようです。

しかし、蚊こそが諸悪の根源であることが分かると、私たちは資源や人材を一気に投入し、その対策に費やしました。１００年以上に渡る戦いの中で、幾多の有効な方法や物が見出されています。蚊を狙った対策の基本概念は極めてシンプルです。それは、蚊の個体数を減少させること、そして、蚊の吸血機会を減少させることの2点です。これらは、お互いをフィードバックしあう両輪になっています。蚊が血をなかなか吸えなければ、卵の数が減り、成虫の数も少なくなります。その結果、次に吸われる血の総量はさらに減ることになります。蚊媒介性の病原体は血に棲まうものですから、この個体数・吸血機会の減少サイクルが進めば、必然として感染者の数も抑制へと向かいます。

殺虫剤は、現在でも蚊の成虫数を減少させるための切り札です。ＤＤＴなどのジフェニルエタン系や、ピレスロイド系殺虫剤（除虫菊成分のピレトリンとその誘導体）が主に用いられています。ＤＤＴには環境中への残存と生物濃縮の影響から使用制限がありますが、ＷＨＯは今も「1平方メートル当たり1グラムのＤＤＴ散布が最も効果的なマラリア対策である」と推奨しています。

これは半世紀以上前から変わっておらず、経済性の面からもＤＤＴに変わるものがないのが現状です。ただし、蚊側もさるもので、抵抗する術を編み出しました。これらの殺虫剤成分の標的は、蚊の電圧感受性ナトリウムチャネルタンパク質です。蚊は、それを作る遺伝子にちょっとだけ変異を入れて、ＤＤＴなどが効かないようにしたのです。ＤＤＴの（蚊対策の上では）優れた残留性が、皮肉にもこのような蚊の出現を促しています。

ボウフラは、昔から蚊対策の格好の狙い目でした。彼らは、小さな水たまりから逃げられないのです。クリス・カーティスが相手に選んだのも、この蚊の幼虫期でした。20世紀初頭、パナマ運河建設に黄熱が立ちはだかり、工員の健康を維持する必要に迫られました。ウィリアム・クロフォード・ゴーガスらは、沼や池など蚊が発生しそうな開放水面に徹底的に油を撒き、膨大な数のボウフラを窒息死させました。小魚を水域に放して、ボウフラを食べてもらうという一見驚きの方法は、旧日本軍も第二次世界大戦中に採用していました（現地住民が魚を食べてしまい、頓挫することが多かったようですが）。現在、この方法が見直され、グッピーなどが試験的に使われています。

近年は、蚊の幼虫に対して、菌類による生物学的防除法が試みられています。農業害虫などを駆除する目的で、土壌細菌である *Bacillus thuringiensis*（ＢＴ）を利用した殺虫方法が広く知られていました。この菌のＣｒｙというタンパク質の結晶が、昆虫体内のアルカリ性消化液で分解されると毒性を発揮し、幼虫を殺すというものです。世の中にはたくさんのＢＴ

が存在し、こぞって調べられたところ、ＢＴの *islaelensis* 株が蚊幼虫に対して殺虫効果を示すことが明らかになりました。この菌株の芽胞と、精製したＣｒｙタンパク質を混合した錠剤などが製品化されています。使い方は簡単、ＢＴ剤をボウフラが発生しそうな場所に投入するだけです（日本では蚊防除の目的でのＢＴ剤の販売・使用は認可されていません）。

自分の身を守る

ドラッグストアなどで並んで売られている虫よけ剤は、正確には忌避《きひ》剤といいます。殺虫剤とは異なり、蚊が持っている人間に対する吸血嗜好性をかく乱するものです。つまり、吸血回数を減らす目的のものです。忌避剤の主成分の化合物は、揮発性であることがほとんどです。蚊に対する忌避剤は、ＤＥＥＴ（ディート：N, N-ジエチル-3-メチルベンズアミド）が主流で、安価なことから世界各国で利用されています。

第二次世界大戦中、熱帯地域での兵員の死因は、マラリアやデング熱などの感染症がトップでした。それをおおいに懸念した米国が、忌避剤の開発を進め、見つけたのがＤＥＥＴです。その形状も、エアゾール、ローション、クリームなどと様々なものが用意されており、個人レベルの蚊対策として最も手軽なもののひとつです。ハーブや香油植物など、天然の忌避物質も、上手に使えば〝煙幕〟を張ることができます（被覆効果といいます）。面白いものでは、わさびに含まれる成分が、蚊の熱センサーのＴＲＰＡ１をやたらに活性化して、蚊の標的認識を妨害することが知られています。

DEETがどのようにして効果を発揮するのか、蚊の嗅覚受容体の拮抗物質(アンタゴニスト)として邪魔をする説と、特異的な嗅覚受容体で認識して蚊の行動そのものを変えるという説があります。嗅覚受容体Orcoを遺伝子操作で欠損したネッタイシマカは、DEETによる忌避が無効になったことから、嗅覚が関与していることは間違いないでしょう。ただし、忌避剤は肌に塗布するのに一定の手間がかかるため、個人の意志に頼らざるを得ません。特に、多数回の吸血で痒みを伴わなくなっている住民には、毎晩DEETを塗るのは面倒この上ないことでしょう。

蚊帳は、蚊が寄るのを遮断する、古典的な物理的防除法です。就寝時に正しく使用すれば、夜間吸血性の蚊の襲来をほぼ完璧に抑制できます。ブルキナファソの東、ニジェールとベナンの国境付近のサバンナで蚊を採取したとき、私が泊まった小屋には綺麗にぴんと蚊帳が張ってありました。最初にすべきことは、蚊帳のどこかに穴が開いていないかの確認です。幸い大丈夫なようなので、蚊帳のネットに手足が触れないようにしながら(網目から吸われてしまいます)、ぐっすり眠りました。近年、繊維にピレスロイド系殺虫剤を塗り込んだ、長期残効型の蚊帳(ITN)が開発されています。吸血を阻止するだけではなく、寄ってきた蚊を殺すという、一石二鳥の優れものです。

ITNのおかげで、蚊帳による蚊対策の概念が大きく変わりました。それまでの蚊帳は、自分だけが吸われないようにするためのツールでした。蚊は、蚊帳を使っていない他の住民のところに向かえば、食事にありつけたのです。このような状況において、マラリア原虫など病原体の伝播を止めるためには、集落のほとんどの家で蚊帳を正しく使ってもらわないといけません。一方、ＩＴＮは、網に触れた蚊を殺滅します。蚊帳の中に入って眠ることで、自分だけでなく、他の住民が刺されることを防ぐことができるのです。この結果、ＩＴＮを使えば使うほど、マラリア患者の発生率が減少することが実証されています。

しかし、西アフリカでおこなわれた、ある数十万帳のＩＴＮ大規模配布事業では、蚊帳が魚を捕るための投網として使われたケースや、貨幣価値を持って物々交換の品となった事例が見つかりました。忌避剤と同様に、蚊の対策を個人レベルで施すことの〝御利益〟を、教育や周知などで理解してもらうことの重要性が（実は以前からずっと）叫ばれています。

蚊の性質を操作する

蚊における遺伝子改変技術は、この20年で劇的に進歩しています。蚊が持っている遺伝子を好きに操る、外来遺伝子を人為的に入れ込むなどが可能になっています。１９９８年にネッタイシマカ、２０００年にガンビエハマダラカの遺伝子組換え成功が世界で初めて報告され、一気に扉が開かれました。２００２年には、米国の研究グループが、マラリア原虫の発育を阻害するＳＭ１ペプチドを発現させたハマダラカを作成し、世界を驚かせました（ちなみに、『ネイチャー』誌に発表されたこの論文の筆頭著者は、日本人の内科医でした）。

　最近になり、部位特異的なDNA切断酵素（ZFN、TALEN、Cas9など）を利用して、思い通りに標的遺伝子を改変する技術であるゲノム編集が、蚊でも相次いで報告されました。いずれの方法も、蚊の卵をたくさん用意し、細く鋭いガラスの微小管をそれらに突き刺し、核酸やタンパク質を含んだ溶液を注入するだけでできてしまいます。理論上、蚊でいかなる遺伝子改変も可能になりました。

　この技術を、不妊オスの放飼に応用したイギリスの研究グループがあります。古典的な不妊オスの作成にあたっては、放射線や化学物質を使ってDNAを傷つける方法が主でした。そのため、作成までの手間が煩雑であること（フランスでは原子力施設を使っています）、他の遺伝子変異の影響で不妊オスの自然界での生存能力が低いことなどが問題になっていました。そこで、遺伝子組換え技術で、細胞内で蓄積すると蚊を殺してしまうタンパク質（tTA）を発現するネッタイシマカが作られました（OX513A系統）。この蚊は仕掛けがしてあり、抗生物質のテトラサイクリンを飲ませておくと、このtTAは出てきません。つまり、飼育室で増やしている間は、蚊は元気でぴんぴんしています。これらのオスをたくさん野外に放つと、野生のメスと交配しますが、tTAを持った子孫はすべて死んでしまいます。自然界にはテトラサイクリンはないからです。このOX513A蚊の放飼プロジェクトが数ヶ国で試行されており、80〜90％の野生蚊の減少が報告されています。

特定のウイルスに対するRNA干渉（99ページ参照）を、あらかじめ蚊の体内で活性化しておく試みがあります。蚊の中腸において、2型デングウイルスの遺伝子の一部が、二本鎖RNAの形で出てくるネッタイシマカが作られました。そこに、本物の2型デングウイルスが吸血とともにやってくると、飛んで火に入る夏の虫です。ウイルスが蚊の細胞に侵入すると、待ち構えていたRISC複合体がウイルスの遺伝子を切断します。7日後には、この蚊からウイルスが完全にいなくなりました。

2007年に米国の研究者らが、利己的に振る舞う人工遺伝子（Medea）を開発し、ショウジョウバエ個体群においてその遺伝子が拡散していくことを発見しました。結果、すべてのハエがこの遺伝子を持つようになりました。一般に、外来遺伝子を昆虫などに導入しても、野生の個体と自由な交配を続けて世代を重ねる間に、その遺伝子は消えてしまいます（私の名前のような珍しい姓が、世代を経るごとに少なくなっていくのとどこか似ています）。このMedeaという人工遺伝子を持つメスから生まれた卵のうち、親からMedeaを受けつがなかった卵は皆死んでしまいます。つまり、子どもは、Medeaを持つものだらけになります。これを次世代以降で繰り返すと、その集団の中でこの遺伝子を持った個体が優占種になるというわけです。このMedeaという名前、ギリシャ神話の王女メデアから名付けられており、自分の幼い子どもに手を掛け殺してしまう悲劇のお話が元になっています。

母親のメデアとは反対に、父親が子殺しをしてしまうように仕向けるのが、共生細菌のボルバキア(*Wolbachia pipientis*)です。ボルバキアに感染したオスが、非感染メスと交配すると、その子ども(卵)は孵化しません(細胞質不和合という現象です)。ボルバキア感染メスは、オスがいかなる場合も卵を生むことができます。蚊の細胞に感染しているボルバキアは、卵を通じて垂直伝播する性質を持っていますので、一度その個体群の中にボルバキア感染蚊が入ると、あっという間に感染が拡がります。

２００９年、オーストラリアの研究グループは、特定のボルバキアの系統に感染した蚊は、デングウイルス、チクングニアウイルス、マラリア原虫などに感染しにくくなることを見つけました。デングウイルスを排除する、ｗＭｅｌというボルバキア系統に感染したネッタイシマカを野外に放したところ、たった３ヶ月で約90％の蚊がボルバキアに感染したという報告があり、現在世界のあちこちで野外試験が続けられています。

２０１５年に、米国で別のタイプの利己的人工遺伝子を活用して、あるマラリア原虫非媒介蚊が作り上げられました。ゲノム編集用のＤＮＡ切断酵素であるＣａｓ９を内部に持った人工遺伝子が、この蚊の特徴です。Ｃａｓ９の作用で、一組で２本ずつある蚊の染色体のうち、もう一方に人工遺伝子が複製とともに飛び移るのです。たとえるならば遺伝子のコピー＆ペーストで、このおかげでいわゆるメンデルの分配の法則が崩れます。父親または母親から子どもに伝えられる遺伝子は、必ず半分になりますが、この人工遺伝子では子どもで再び元の量に戻って(倍加して)いるのです。この仕組みを、「遺伝子ドライブ」といいます。この研究グループは、この人工遺伝子の中に、マラリア原虫をやっつける抗体遺伝子を入れ込み、ステフェンシハマダラカのゲノムに挿入しました。その結果、実験室レベルの話ですが、マラリア原虫に感染しにくい蚊が、遺伝子ドライブの仕組みで優占種になることが観察されました。約50年後になって、カーティスの予想がほぼ現実のものになったのです。

蚊とともに生きる

人類は、いつの頃から、病気を運ぶ蚊に悩まされてきたのでしょうか。

約20万年前にホモ・サピエンスが誕生して以来、21世紀は、実は私たちという生物種が蚊媒介性感染症の危険に最も晒されている時代です。デング熱は、あまたある感染症の中で、感染者増加率が抜きんでて高いことが知られています。指数関数的に患者が増えていると言っても過言ではありません。米国やブラジルでは、マラリア患者が年々増加しています。治療薬の開発や医療技術の発達により、死亡率は確実に減少しています。しかし、蚊によって運ばれる感染症の猛威自体は、収まるどころか益々ひどくなっているのです。一体、何が起きているのでしょうか。

紀元前1万年頃の世界人口は、わずか400万～600万人だったと推定されています。縄文時代の日本では、住居遺跡が比較的多い東日本でも、1平方キロメートルの土地当たりの人口は約1人と算定されています。狩猟採集民族では、この規模ですら過密です。よって、蚊媒介性のものに限らず、ヒト―ヒト間感染の病原体の流行は困難だったと考えられます。このような状況では、私たちの祖先は主に自然環境での病原体暴露に身を委ねていたでしょう。つまり、蚊媒介性のものでは、サルや鳥などから蚊によって偶然に橋渡しされるような、黄熱や西ナイル熱などの感染症しか経験し得なかったことでしょう。

ある病原体が、日本脳炎ウイルスのように人間に感染してそこで行き止まってしまうのではなく、ヒト―ヒト間の感染経路を獲得して繁栄するためには、一定の数の人口が必要です。熱帯熱マラリア原虫の起源(マラリア・イブと呼ばれています)は、約3000〜5000年前に出現したとされています。その頃には、私たちが病原体にとって十分な密度を保てるようになったと推測されます(その頃の地球上の人口は1億人前後だったようです)。その後、人口増加の傾きは、産業革命付近から急激にその角度を変え、70億超の現在に至るまでにそのスピードを緩めていません。

東京23区の平均人口密度は、今や縄文時代のムラの約1万5000倍となりました。人間がいて、蚊がいれば、病気のサイクルは止められません。その意味において、現在の地球は〝最悪〟な状況と言っていいでしょう。蚊媒介性感染症のリスクが一気に高まるのは、人口800万人以上の巨大都市であり、発展途上国の大都市が今後続々とこの仲間入りを果たそうとしています。

蚊は、私たちの血を吸います。

人類は、地球という虫かごの中で、特にこの数千年の間、蚊を増やし続けてきました。それをいきなり人間側の都合で店じまいというのは、いささか乱暴ではないでしょうか。孫子の兵法をもじって「蚊を知り己を知れば百戦殆《あやう》からず」、蚊の秘めた能力を上手に拝借すれば、本当の悪者である病原体をきっと追い出せるはずです。

◆コラム　邪魔立てをするもの

クリス・カーティスは、1970年代にインドにおいて、WHOの後押しでネッタイシマカの不妊オスを放飼する野外試験を計画していました。この計画はシンプルなもので、殺虫剤などに頼らずに、蚊の個体群の数を減らそうというものです。しかし、この試験は実施に至らず、頓挫することになります。

発端は、あるジャーナリストによる誤報でした。ネッタイシマカは、別名「黄熱蚊」という名称で記載されることが多々ありました。当時、インドでは黄熱は存在せず、黄熱ウイルスは生物兵器のリストにも挙がっていたこともあり、このジャーナリストはこの計画の(誤った)危険性を報じました。それによって動かされた政治家が、カーティスの不妊オスの実験は、生物兵器のためのデータ収集が目的である、と言い出します。あげくは、〝不妊オス〟という言葉が住民の誤解を生み、CIAが男性を不妊にしてしまう策略を持っているらしい、という馬鹿馬鹿しい噂にまでなりました。最後は、当時の首相だったインディラ・ガンジー女史の命で、試験許可が撤回されてしまいます。

失意のうちにロンドンに戻ったカーティスは、このときの苦い経験を元に、キャンペーンの重要性を説くようになります。先手を打って正しい理解を広げ、可能な限りパトロンを増やすのです。その結果、殺虫剤付きの蚊帳であるITNを、販売せず、無償で提供することを政府や関係機関に納得させることに成功します。現在までに無料で配布されたITNは約5000万帳に上りますが、救われた命の数を想像しながら、彼の偉大な足跡に感謝するのです。

あとがき

私の研究室は、さながらムシ天国です。

大都会のど真ん中のビルで、いろんな種類の吸血節足動物を飼っています。蚊のハマダラカとヤブカは既にたっぷり紹介しました（なぜかイエカを飼っていないので、そろそろ欲しいところです）。マダニは昆虫ではなく、クモに近い仲間です。フタトゲチマダニとタカサゴキララマダニがいます。後者は日本最大種で、成虫が血を満腹になるまで吸うと、小さなお饅頭くらいの大きさになります。彼らの口吻は針状ではなく、どちらかというと皮膚を咬みます。日本では、ライム病や重症熱性血小板減少症候群（ＳＦＴＳ）などの病原体を媒介します。

カメムシの親戚ですが、サシガメは、南米でシャーガス病という感染症の病原体である、原虫のトリパノソーマを媒介します。歴とした吸血生物です。普段は畳んでいる口吻が、獲物が近くに来るとおもむろに出てきます。マダニもサシガメも、血しか食糧としません。砂糖水を飲む蚊と異なり、正真正銘の吸血鬼です。ノミの仲間ネコノミは、普段は大人しく横たわっています。正確に言えば、歩けない身体の構造になっています。その代わり、ぴょんぴょんと凄まじい勢いで跳ねます。致死性の高いペストの病原菌を媒介します。血を与えてくれる動物たちの種類も豊富です。ハツカネズミ、ラット、ウサギ、ヘビの諸君が、大人しく血を供給してくれます。

いろんな人にこれらの吸血節足動物のことをお話するのですが、よく指摘されることがあります。それは、「先生は、ムシを〝彼ら〟と呼ぶのですね」というものです。私は蚊などに対して人称を無意識に使っているわけですが、きっと、たぶん、同じ生命体として尊重しているからなのでしょう（獣医学科の学生時代、乳牛を目の前にして「君たち」と呼んで、笑われたことを思い出します）。ここに挙げた血を吸うムシたちと、もう10年以上の付き合いになります。彼らの生き様を、実験室の中だけでなく、野外でもつぶさに眺めていると、美しい生命現象の宝庫であることを否が応でも知ることになります。

この本にまとめた稿についても、自分がよく知っている友だちを紹介するような感覚で、筆を進めてきました。

蚊に関する成書はいくつかありますので、なるべく記載が羅列にならないこと、最近の知見の中でとりわけ重要なものを含むこと、の2点に腐心しました。蚊の目線と同じレベルで書いたつもりなので、日常の蚊の対策など実用的な面についてはほとんど頁を割いていません。それぞれの章の中で興味を持った項目があれば、ぜひ論文などに当たってみることをお奨めします。

私は、蚊が血を吸うことは——とがめられることを承知で申し上げますが——大変美しい行為だと思っています。ヒトや動物が進化の結果得た、呼吸などの恒常性維持の要《かなめ》となる血液を、これまた気の遠くなる進化の試行錯誤のなかで、蚊は横取りすることを覚えました。ビル・ゲイツは、蚊は人間よりも殺戮を犯してきた動物であると指摘しています。マラリアだけでも年間に(判明しているだけで)数十万人もが亡くなっているわけですから、蚊がそこに荷担しているのは揺るがない事実です。しかし、これだけ華麗に血を盗む生命体が、一方的に悪者にされるのが、なにやら不憫で切ないのです。

日夜、蚊と奮闘している東京慈恵会医科大学熱帯医学講座の諸君には頭が上がりません。彼らの実験データが、私の研究者としての生き甲斐です。アマゾンで出会って以来、10年以上の共同研究者である、ブルキナファソのワガドゥグ大学のアサナセ・バドロ准教授の存在なしでは今の私はないでしょう。本書をまとめるにあたり、筆の遅い私を辛抱強く励ましてくださった岩波書店の吉田宇一氏に深く感謝致します。最後に、長い出張にも文句のひとつも言わずにいつもアフリカに送り出してくれる、家族に感謝致します。

この稿の執筆が終わりに差し掛かった5月下旬の週末の朝、目黒区の自宅のリビングでキーボードを叩いていたら、手の甲に蚊が留まりました。2～3日前から入り込んでいたことに気が付いていましたが、やっと食事にありつけたようです。漆黒の綺麗な身体に、背中にすっと伸びる白の一本線、ヒトスジシマカです。越冬卵から孵化し、育ってきた蚊でしょう。

たっぷり私の血を吸い、やがて飛び立ちました。今度はソファに留まって一休みです。逃げ場がない彼女がなんとなく可哀相で、コップに水を半分くらい入れて、棚に置いておきました。そのうち、黒い卵が点々と生み付けられることでしょう。

嘉糠洋陸

1973年山梨県に生まれる．1997年東京大学農学部獣医学科卒業．2001年大阪大学大学院医学系研究科博士課程修了，博士(医学)．理化学研究所，米国スタンフォード大学などを経て，2005年帯広畜産大学原虫病研究センター教授．2011年から東京慈恵会医科大学熱帯医学講座教授．2014年から同大学衛生動物学研究センター長を兼任．専門は，衛生動物学，寄生虫学．

岩波 科学ライブラリー 251

なぜ蚊は人を襲うのか

2016年7月14日 第1刷発行
2017年5月25日 第3刷発行

著 者 嘉糠洋陸《かぬかひろたか》

発行者 岡本 厚

発行所 株式会社 岩波書店
〒101-8002 東京都千代田区一ツ橋2-5-5
電話案内 03-5210-4000
http://www.iwanami.co.jp/

印刷・理想社 カバー・半七印刷 製本・中永製本

ISBN 978-4-00-029651-9 Printed in Japan

●岩波科学ライブラリー〈既刊書〉

250 **幹細胞**
ES細胞・iPS細胞・再生医療
ジョナサン・スラック　訳 八代嘉美
本体一四〇〇円

そもそも、幹細胞って何? どうして注目されているの? 治療にどう使われるの? 今さら聞けない基本が、この一冊でわかる。何ができて、どこが難しいのか。とりあえず知っておきたいことを厳選。この本から始めよう。

251 **なぜ蚊は人を襲うのか**
嘉糠洋陸
本体一二〇〇円

人を襲うのはオスと交配したメス蚊だけだ。なぜか。アフリカの大地で巨大蚊柱と格闘し、アマゾンでは牛に群がる蚊を追う。かたや研究室で万単位の蚊を飼育。そんな著者だからこそ語れる蚊の知られざる奇妙な生態の数々。

252 **星くずたちの記憶**
銀河から太陽系への物語
橘省吾
本体一二〇〇円

彗星の塵、月の石、「はやぶさ」が持ち帰った小惑星のかけら……。「星くず」の中の鉱物には、宇宙や太陽系の過去が刻印されている。その〈記憶〉を丁寧に読み解きながら、明るみに出た星くずたちの雄大な旅路を紹介。

253 **巨大数**
鈴木真治
本体一二〇〇円

アルキメデスが数えたという宇宙を覆う砂の数、仏典の最大数「不可説不可説転」、宇宙の永劫回帰時間、数学の証明に使われた最大の数……などなど、伝説や科学に登場するさまざまな巨大数の文字通り壮大な歴史を描く。

254 **クモの糸でバイオリン**
大﨑茂芳
本体一二〇〇円

クモの糸にぶら下がって世間を賑わせた著者が、今度はクモの糸でバイオリンの弦を……!? 暗中模索、数年がかりで完成した弦が、やがてストラディバリウスの上で奏でられ、大反響を巻き起こすまで、成功物語のすべてをレポート。

定価は表示価格に消費税が加算されます。二〇一七年四月現在